U0262692

有机功能材料在土壤复合污染修复中的调控作用及修复机制

王光辉 孙占学 周仲魁 等 著

科学出版社

北京

内 容 简 介

本书评述重金属复合污染、重金属-有机物复合污染土壤修复技术及有机功能材料在土壤修复中的研究进展，详细介绍环糊精、壳聚糖和生物炭等材料的功能化改性、功能改性材料与重金属和有机污染物之间的作用，以及功能改性材料在重金属、重金属-有机物复合污染土壤修复中的调控作用与修复机制，并评估环糊精和生物炭等功能改性材料在污染土壤修复后的生态风险。

本书可作为环境科学与工程、材料科学等专业的研究生参考书，也可供环境科学、土壤科学及相关专业的科技工作者、工程技术人员阅读参考。

图书在版编目（CIP）数据

有机功能材料在土壤复合污染修复中的调控作用及修复机制/王光辉等著.
—北京：科学出版社，2023.7
ISBN 978-7-03-075910-8

Ⅰ.① 有…　Ⅱ.① 王…　Ⅲ.① 有机材料-功能材料-应用-土壤污染-复合污染-修复-研究　Ⅳ.① TB322

中国国家版本馆 CIP 数据核字（2023）第 110536 号

责任编辑：杨光华　徐雁秋/责任校对：高　嵘
责任印制：彭　超/封面设计：苏　波

科 学 出 版 社 出版
北京东黄城根北街 16 号
邮政编码：100717
http://www.sciencep.com
武汉精一佳印刷有限公司印刷
科学出版社发行　各地新华书店经销
*
开本：787×1092　1/16
2023 年 7 月第 一 版　印张：8 1/2
2023 年 7 月第一次印刷　字数：204 000
定价：118.00 元
（如有印装质量问题，我社负责调换）

前　言

　　土壤作为生态系统的重要组成部分，是人类社会生产活动的重要物质基础。随着工业的快速发展和核能技术的开发利用，土壤中重金属、放射性核素（铀）和有机污染物导致的环境复合污染问题日益突出，对生态安全和人类健康构成了严重威胁，因此，土壤复合污染的高效、安全修复是一项具有挑战性且意义深远的工程。本书系统阐述有机功能材料在土壤复合污染修复中的应用，力求较为系统地梳理这方面的研究成果，为研究人员和相关技术人员提供有益的参考。

　　本书针对土壤重金属-有机物复合污染问题，介绍系列含氨基和羧基类的 β-环糊精衍生物的制备方法，分析含氨基和羧基类的 β-环糊精衍生物与重金属和有机污染物的配位及包结作用，构建基于改性环糊精-有机污染物-重金属的三元作用模型，阐明含氨基和羧基类的 β-环糊精衍生物在重金属-有机物复合污染植物修复中的调控作用，揭示含氨基和羧基类的 β-环糊精衍生物在植物修复应用中的增效修复机制。针对土壤中度、轻度重金属复合污染问题，螯合剂诱导植物修复技术作为原位绿色修复技术，被广泛应用，但由于传统螯合剂增效植物修复重金属污染土壤时存在土壤中重金属释放过快、无法匹配植物吸收速率的问题，可能造成地下水的渗滤风险。本书介绍一种基于羧甲基壳聚糖接枝羧甲基-β 环糊精为缓释载体、传统螯合剂为缓释对象的缓释螯合剂，能更好匹配植物对重金属的吸收速率，在增效植物提取重金属的同时，又能有效降低对地下水的渗滤风险；分析缓释螯合剂对污染土壤中重金属的缓释动力学规律，揭示缓释螯合剂作用下重金属污染土壤的植物增效修复机制，并评估重金属对地下水的渗滤风险，对矿区中轻度重金属污染土壤的修复有重要的参考价值。针对矿区重度重金属复合污染问题，本书介绍一种基于磷改性生物炭交联双金属氧化物的固化稳定剂的制备方法，分析固化稳定剂与重金属之间的相互作用，揭示固化稳定剂对污染土壤中重金属的固化稳定作用及机制，并评估固化稳定处理后植物对重金属污染土壤的生物富集风险，对矿区重度重金属复合污染土壤的修复有重要的参考价值。

　　本书共 4 章。第 1 章为土壤重金属复合污染及修复技术（包括土壤重金属复合污染现状及电动修复、固化/稳定化、化学淋洗和植物修复）、土壤重金属-有机物复合污染及修复技术（包括土壤重金属-有机物复合污染现状，化学淋洗、物理-化学联合修复、化学-生物联合修复和植物-微生物联合修复），以及有机功能材料（包括环糊精、壳聚糖、表面活性剂和生物炭及其改性有机材料）在土壤修复中的应用。第 2 章为环糊精衍生物在重金属-有机物复合污染土壤修复中的应用，具体介绍甘氨酸-β-环糊精在重金属-有机物复合污染土壤修复中同时去除重金属和有机污染物、天冬氨酸-β-环糊精对重金属-有机物复合污染土壤植物增效修复及作用机制等。第 3 章介绍缓释螯合剂在铀、铬污染土壤植物修复中的调控作用，包括缓释螯合剂的制备与表征，缓释螯合剂在水中的缓释性能，缓释螯合剂调控土壤中铀、铬释放行为和缓释螯合剂对植物修复铀、铬复合污染土壤的作用及机制。第 4 章介绍生物炭复合材料在铀污染土壤修复中的稳定化作用，包括生物炭复合材料的制备表征与特性，稳定化修复铀污染土壤的效果及机制、持久性和植物富集性生态风险评价。

本书的相关工作得到多个项目的资助：国家自然科学基金项目"缓释螯合剂在铀污染土壤植物修复中的调控作用及机制"（编号：41761069）、"有机-重金属复合污染土壤植物增效修复研究"（编号：41261078）、"改性环糊精强化电动修复土壤有机-重金属复合污染研究"（编号：40861017），江西省自然科学基金重点项目"重金属污染土壤植物修复过程中缓释螯合剂的调控作用及机制研究"（编号：20181ACB20004）和江西省重点研发计划重点项目"典型铀矿区污染土壤治理与修复关键技术及示范"（编号：20212BBG71011）。

本书是在总结课题组十多年来研究成果的基础上撰写的，东华理工大学黄磊、罗娇、王银、胡苏杭、范文哲、胡德玉、吕鹏、王冰、尹秋玲等研究生参与课题的研究工作，并撰写了本书部分章节的内容，在此表示衷心感谢！

由于作者水平有限，书中疏漏在所难免，欢迎读者批评指正。

王光辉
2023 年 3 月

目 录

第1章 绪论 ··· 1

1.1 土壤重金属复合污染及修复技术 ··· 1

1.1.1 土壤重金属复合污染现状 ·· 1

1.1.2 电动修复 ··· 3

1.1.3 固化/稳定化 ·· 5

1.1.4 化学淋洗 ··· 8

1.1.5 植物修复 ·· 11

1.2 土壤重金属-有机物复合污染及修复技术 ································ 15

1.2.1 土壤重金属-有机物复合污染现状 ···································· 15

1.2.2 化学淋洗 ·· 17

1.2.3 物理-化学联合修复 ·· 18

1.2.4 化学-生物联合修复 ·· 19

1.2.5 植物-微生物联合修复 ··· 21

1.3 有机功能材料在土壤修复中的应用 ·· 22

1.3.1 环糊精及其衍生物 ·· 22

1.3.2 表面活性剂 ·· 25

1.3.3 壳聚糖及其衍生物 ·· 29

1.3.4 生物炭及其复合材料 ··· 32

参考文献 ·· 35

第2章 环糊精衍生物在重金属-有机物复合污染土壤修复中的应用 ········ 43

2.1 甘氨酸-β-环糊精在重金属-有机物复合污染土壤中的应用 ········· 43

2.1.1 合成及表征 ·· 43

2.1.2 与菲和铅离子的相互作用 ··· 45

2.1.3 对菲和碳酸铅难溶盐的增溶作用 ······································ 46

2.1.4 对复合污染土壤中菲和铅的解吸行为 ································· 48

2.2 天冬氨酸-β-环糊精在重金属-有机物复合污染土壤中的应用 ······ 50

2.2.1 合成及表征 ·· 50

2.2.2 与芘和镉的三元作用模式 ··· 52

2.2.3 对芘和镉在土壤表面分配行为的影响 ································· 53

2.2.4 对植物增效修复的作用机制 ·· 54

参考文献 ·· 58

第3章　缓释螯合剂在铀、铬污染土壤植物修复中的调控作用⋯⋯⋯⋯⋯⋯61

3.1　缓释螯合剂的制备及表征⋯⋯⋯⋯⋯⋯⋯⋯⋯⋯⋯⋯⋯⋯⋯62

　　3.1.1　缓释载体的制备⋯⋯⋯⋯⋯⋯⋯⋯⋯⋯⋯⋯⋯⋯⋯62

　　3.1.2　微球式缓释螯合剂的制备及表征⋯⋯⋯⋯⋯⋯⋯⋯⋯63

3.2　缓释螯合剂在水中的缓释性能⋯⋯⋯⋯⋯⋯⋯⋯⋯⋯⋯⋯⋯69

　　3.2.1　包封率及载药量⋯⋯⋯⋯⋯⋯⋯⋯⋯⋯⋯⋯⋯⋯⋯69

　　3.2.2　缓释动力学规律⋯⋯⋯⋯⋯⋯⋯⋯⋯⋯⋯⋯⋯⋯⋯70

3.3　缓释螯合剂对土壤中铀、铬释放行为的调控⋯⋯⋯⋯⋯⋯⋯⋯71

　　3.3.1　铀、铬的静态活化⋯⋯⋯⋯⋯⋯⋯⋯⋯⋯⋯⋯⋯⋯72

　　3.3.2　铀、铬的动态淋滤⋯⋯⋯⋯⋯⋯⋯⋯⋯⋯⋯⋯⋯⋯74

3.4　缓释螯合剂对铀、铬复合污染土壤植物修复的作用⋯⋯⋯⋯⋯78

　　3.4.1　对植物生长及生物量的影响⋯⋯⋯⋯⋯⋯⋯⋯⋯⋯78

　　3.4.2　对根际土壤中有效态铀、铬含量的影响⋯⋯⋯⋯⋯⋯81

　　3.4.3　对土壤中铀、铬的植物富集和转运的影响⋯⋯⋯⋯⋯82

　　3.4.4　对植物修复过程中地下水渗滤风险的影响⋯⋯⋯⋯⋯84

参考文献⋯⋯⋯⋯⋯⋯⋯⋯⋯⋯⋯⋯⋯⋯⋯⋯⋯⋯⋯⋯⋯⋯⋯87

第4章　生物炭复合材料在铀污染土壤修复中的稳定化作用⋯⋯⋯⋯⋯⋯90

4.1　生物炭复合材料 PBC@LDH 的制备表征及特性⋯⋯⋯⋯⋯⋯91

　　4.1.1　制备及表征⋯⋯⋯⋯⋯⋯⋯⋯⋯⋯⋯⋯⋯⋯⋯⋯91

　　4.1.2　对铀的吸附性能及作用机制⋯⋯⋯⋯⋯⋯⋯⋯⋯⋯98

4.2　PBC@LDH 稳定化修复铀污染土壤的效果及机制⋯⋯⋯⋯⋯106

　　4.2.1　对污染土壤的 pH、EC 和 Eh 的影响⋯⋯⋯⋯⋯⋯107

　　4.2.2　对土壤中铀和伴生重金属的 SPLP 浸出影响⋯⋯⋯109

　　4.2.3　对土壤中铀和伴生重金属形态分布的影响⋯⋯⋯⋯110

　　4.2.4　机制分析⋯⋯⋯⋯⋯⋯⋯⋯⋯⋯⋯⋯⋯⋯⋯⋯⋯111

4.3　PBC@LDH 稳定化修复铀污染土壤的持久性⋯⋯⋯⋯⋯⋯115

　　4.3.1　不同处理方案的稳定持久性⋯⋯⋯⋯⋯⋯⋯⋯⋯116

　　4.3.2　土壤中铀和铅的形态变化⋯⋯⋯⋯⋯⋯⋯⋯⋯⋯117

4.4　PBC@LDH 修复铀污染土壤后植物富集性生态风险评价⋯⋯118

　　4.4.1　对印度芥菜生长情况和生物量的影响⋯⋯⋯⋯⋯⋯119

　　4.4.2　对铀、铅富集和转运的影响⋯⋯⋯⋯⋯⋯⋯⋯⋯120

　　4.4.3　生物电镜-能谱分析⋯⋯⋯⋯⋯⋯⋯⋯⋯⋯⋯⋯122

参考文献⋯⋯⋯⋯⋯⋯⋯⋯⋯⋯⋯⋯⋯⋯⋯⋯⋯⋯⋯⋯⋯124

第1章 绪 论

  土壤是地球上最宝贵的自然资源，也是人类赖以生存的物质条件。但随着社会发展及人类生产生活的影响，土壤污染问题日益严重。土壤污染具有隐蔽性和潜伏性、不可逆性和长期性，以及危害严重性等特征。土壤一旦受到污染，不仅会导致土壤的质量变差，造成农作物减产和土壤中生物多样性降低，而且污染物会通过食物链进入牲畜和人体内，从而危害牲畜的生长发育与繁殖和人体健康。同时，土壤污染也会导致其他次生生态环境问题，如大气污染、地表水污染、地下水污染等（吴启堂，2011）。土壤污染类型主要包括有机污染、重金属污染、非重金属无机污染、放射性污染等，然而这些污染在环境中经常是两种或多种污染物同时存在，即主要以复合污染的形式存在（吴志能 等，2016；周东美 等，2004）。

  早期关于土壤污染物的研究大多仅考虑单一污染物水平的环境行为，而实际上土壤中的污染多具伴生性和综合性，具有多种污染物共存的特点，且多种污染物之间的毒性表现出加和作用和协同作用（Bliss，1939）；何勇田等（1994）将复合污染定义为两种或两种以上不同种类不同性质的污染物或同种污染物的不同来源，或两种及两种以上不同类型的污染在同一环境中同时存在所形成的环境污染现象；陈怀满等（2002）认为复合污染是指多元素或多种化学品，即多种污染物对同一介质（土壤、水、大气、生物）的同时污染，在自然界中所发生的污染可能是以某一种元素或某一种化学品为主，但在多数情况下，伴随有其他污染物的存在。

  复合污染是土壤污染的主要存在形式，按污染物的类型可分为重金属复合污染、重金属–有机物复合污染、有机复合污染、无机复合污染等。土壤污染是当前人类面临的极为重要的全球性环境问题之一，近年来，土壤复合污染引起了人类的广泛关注。本章主要介绍土壤重金属复合污染和重金属–有机物复合污染及其修复技术，并介绍近年来一些热门的有机功能材料在土壤修复中的应用。

1.1 土壤重金属复合污染及修复技术

1.1.1 土壤重金属复合污染现状

  土壤重金属污染是指人类活动将重金属引入土壤，致使土壤中重金属含量明显高于原有含量，并造成生态环境恶化的现象，污染源主要有采矿、冶炼、电镀、化工、电子和制革染料等工业生产的"三废"及污灌、农药、化肥在农业上的不合理施用（曹心德 等，2011）。土壤中的重金属污染往往是以某一重金属元素为主，并伴随有其他元素的存在，即多种重金属并存的复合污染。例如，在废蓄电池加工回收处理场地，土壤 Pb 的质量分数高达 12 000 mg/kg，而 Cu 和 Zn（1 800～2 200 mg/kg）也严重超标；在一些工矿区或污灌区，土壤也常受 Cd、Pb、Cu 的复合污染（曹心德 等，2011）。土壤重金属复合污染通常定义为在土壤介质中，两种或两种以上重金属元素同时存在，并且每种污染物的含量均超过国家土壤环境质量标准或已经达到影响土壤环境质量水平的土壤污染（周东美 等，2004）。

重金属复合污染中各种重金属元素相互作用极其复杂，相对于单一重金属污染，土壤重金属复合污染中重金属迁移转化遗存效应的影响因素更多且更复杂，并且重金属复合污染在土壤环境中也更为普遍（王恒，2016）。重金属之间相互作用影响生物对某种金属的累积过程或不同层次上的生物毒性，一般表现为加和效应、拮抗效应和协同效应三种（Guo et al.，2006）。王新等（2001）采用盆栽试验研究了土壤中 Cd、Pb 单元素作用、Cd-Pb 两元素及 Cd-Pb-Cu-Zn-As 五元素交互作用对水稻生长发育的影响，结果表明：Cd-Pb 复合污染使水稻株高比对照组下降了 5～7 cm，水稻减产了 20%；多元素交互作用，特别是五元素复合作用影响了水稻的正常生长发育。宋玉芳等（2002）研究了 Cu、Zn、Pb、Cd 单一污染对白菜种子发芽与根伸长的抑制率，以及暗棕壤条件下重金属的复合污染效应，结果表明：重金属复合污染使植物根伸长抑制的毒性阈值降低，生态毒性效应明显增强；重金属复合污染对白菜根伸长的抑制效应主要表现为协同作用。吴燕玉等（1994）通过盆栽试验研究了土壤 As（类金属）的复合污染及其防治，其对苜蓿的毒性表现为 Pb-Cd-Cu-Zn-As>Ca-As>Fe-As>Na-As，复合污染促使苜蓿吸收更多的 Cu 和 Pb。周启星等（1995）研究发现，土壤-水稻系统受到来自 Cd-Zn 的复合污染与受到 Cd 或 Zn 的单因子污染之间存在一定的差异，Cd、Zn 同时存在时，Cd 有抑制水稻籽实累积 Zn 的效果，Zn 的存在会提升糙米对 Cd 的吸收，而且随 Zn 添加浓度的增加而增加。

重金属元素不仅在食物链的各级生物中不断传递进而富集，而且可通过一定的生物作用转变为毒性更强的大分子有机化合物，因此重金属污染不仅导致土壤环境质量下降、减少农作物产量和影响农作物品质，甚至对人类及动物的健康产生威胁（王恒，2016）。土壤重金属复合污染已经成为十分受重视的环境问题之一，世界土壤重金属污染场地数量较多，其中重金属污染场地数量占一半以上，像美国、西欧有近 100 万个重金属污染场地，法国等因农业浇灌、矿山开采、工业污染等造成土壤酸性过高的污染严重。我国重金属土壤污染问题也比较严重，众多地区以中轻度复合污染为主，致使粮食减产，农业方面经济受损。在我国部分南方地区，因工农业加速发展引起的重金属土壤污染问题日益严峻，其中 Zn、Pb、Cd、As 的污染问题突出，通常以两种或两种以上的复合重金属污染呈现（王小雨，2021；曹心德 等，2011）。

目前土壤重金属复合污染修复方法主要包括物理修复、化学修复、生物修复及联合修复等。土壤物理修复主要包括物理分离法、新土置换法、蒸汽浸提法、热解吸法及电动力法等。土壤化学修复是指利用一些改良剂与污染土壤中的重金属发生化学反应，通过改变土壤的 pH、Eh 等理化性质，经氧化还原、沉淀、吸附、络合、螯合、抑制和拮抗等作用钝化土壤中的重金属，降低土壤中重金属的活性，达到治理和修复重金属污染的目的。化学修复方法主要包括土壤性能改良技术、溶剂萃取法、固化/稳定化、化学淋洗、氧化法、还原法及钝化技术等。生物修复方法分为微生物修复、植物修复及动物修复三种，其中植物修复是一种经济有效的重金属污染土壤修复方法，具有修复效果好、成本投入低、易于操作和管理等优点。植物修复主要通过植物挥发、植物固定和植物吸收对重金属污染进行修复（吴志能 等，2016）。现有的各种单一的污染土壤修复技术都有适用范围的限制，因而联合修复的研究与应用是未来的研究方向，如物理-化学-生物联合稳定化修复技术、植物-微生物结合的菌根菌剂联合修复、物理化学和生物法结合的淋洗-反应器联合修复等。接下来将主要针对重金属复合污染土壤的电动修复、固化/稳定化修复、化学淋洗修复及植物修复进行详细介绍。

1.1.2 电动修复

电动修复（electrokinetic remediation）是一项新兴的、经济的污染土壤修复技术，综合了土壤学、流体力学、电化学和分析化学等原理和方法，通过在污染土壤两侧施加直流电压形成电场梯度，以驱使土壤中的污染物在电场作用下通过电迁移、电渗流和电泳的途径被带到电极附近，并经过进一步的溶液收集和处理，从而使污染土壤得以修复（杨长明 等，2005；Hicks et al.，1994）。污染土壤电动修复装置如图 1.1 所示，装置主要包括提供直流电压的电源、阴极和阳极电极、阴极和阳极电解池及电解液收集池等。实验装置中的电极既可选择铂电极、钛合金电极等，也可采用较便宜易得的石墨电极等。

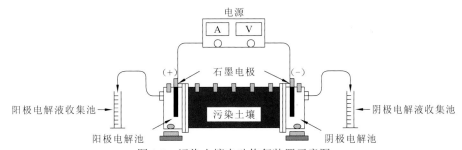

图 1.1 污染土壤电动修复装置示意图

土壤中的污染物在电场作用下将发生运动，其主要运动机制有电迁移、电渗流及电泳等。其中电迁移是指带电离子在土壤溶液中朝向带相反电荷电极方向的运动，如阳离子向阴极方向移动、阴离子向阳极方向移动。电渗流是指在电场作用下，土壤微孔中的液体由于带电双电层与电场的作用而做相对于带电土壤表层的移动，即固相不动而液相移动。电泳指带电粒子相对于稳定液体的运动，电动修复过程中带电土壤颗粒的移动性小，因而电泳对污染物移动的贡献常常可以忽略。对于重金属污染土壤的修复，由于电渗流和电迁移都是向阴极移动，二者都有利于土壤修复。此外，电动修复过程还包括另外一些化学物质的迁移机制，如扩散、水平对流和化学吸附等。扩散是指由浓度梯度而导致的化学物质运动，水溶液中离子的扩散量与该离子的浓度梯度和其在溶液中的扩散系数呈正相关。水平对流则是由溶液的流动而引起的物质对流运动。伴随着以上几种迁移，在电动修复过程中，土壤体系还存在一系列其他变化，如 pH、孔隙液中化学物质的形态及电流大小变化等。土壤中的这些变化可能引起多种化学反应发生，包括吸附与解吸、沉淀与溶解、氧化与还原等。根据化学反应自身的特点，它们可以加速或者减缓污染物的迁移（吴启堂，2011）。

在电动修复的过程中，发生的电子迁移主要是电极上水的电解反应（阳极：$H_2O-2e^- \longrightarrow 1/2O_2+2H^+$；阴极：$2H_2O+2e^- \longrightarrow H_2+2OH^-$）。在电场作用下，阳极发生氧化反应，产生大量的$H^+$，导致电极附近的pH相应地下降；阴极发生还原反应，产生大量的OH^-，导致电极附近的pH相应地升高。在电场作用下，H^+和OH^-又以电迁移、电渗流、扩散、水平对流等方式向阴极和阳极移动，直到二者相遇且中和。其中，H^+迁移速度是OH^-迁移速度的1.8倍。在相遇的区域会产生pH突变，并从该点将整个操作区间划为酸性区域和碱性区域。在酸性区域内，金属离子的溶解度增大，有利于土壤中重金属离子的解吸。但pH的降低使得双电层的Zeta电位降低，不利于电渗流的发展；而在碱性区域，重金属离子容易生成沉淀，从而限制污染物的去除效率。电动修复复合污染土壤的机理十分复杂，修复效果受现场诸多因素的影响，如土壤pH、土壤理化性质、修复液（电解液）种类、电极板种类及分布、污染物类型及形态、运行时间、电极材料等（章梅 等，2019）。

土壤pH控制着土壤溶液中重金属离子的吸附与解吸、沉淀与溶解等，而且对电渗速度有明显影响。此外，土壤pH影响重金属的存在形态，游离重金属离子在电场作用下迁移至阴极区附近，遇OH^-形成沉淀，污染物难以去除，因此控制土壤pH是电动修复技术的关键。为了控制阴极区的pH，可通过添加酸来消除电极反应产生的OH^-。无机酸可用于中和电解池中阴极产生的OH^-，但无机酸常常会引起一系列环境问题，如使用盐酸将在土壤中形成金属的氯化物沉淀，增加土壤孔隙水中的氯离子含量并在阳极生成氯气等；而有机酸具有较好的应用前景，这是因为有机酸形成的金属配合物大多数是水溶性的，同时，它的生物可降解性使其具有良好的环境安全性（吴启堂，2011）。通过添加乙酸盐来抑制阴极区pH的升高，可防止在较强碱性条件下重金属离子形成沉淀。同时，利用纯净水不断更新阴极池中的碱溶液也可避免土柱的pH聚焦。除了利用化学试剂来控制pH，也可考虑在土柱与阴极池和阳极池间使用离子交换膜。阳离子交换膜仅允许重金属阳离子通过，而禁止OH^-向土柱中移动；同样，为了防止阳极池中的H^+向土柱移动，引起土柱内pH降低，影响其电渗作用，可在阳极池与土柱间使用阴离子交换膜。在阴极室加酸进行调节，或采用离子交换膜均能提高重金属去除率。因此，在采用电动修复重金属污染的土壤时，应着重考虑土壤pH，因为其影响重金属的存在形态和从土壤表面的解吸过程。

土壤电动修复中，待修复土壤类型对修复效率有很大的影响。具有低渗透性、低氧化还原电位、弱碱性、高阳离子交换量（cation exchange capacity，CEC）、高可塑性等特点的土壤适合采用电动修复方法，如高岭土、黏土、沙土等（刘刚，2015）。Chilingar等（1997）研究表明，对于低渗透性的黏土，重金属去除率超过90%，而对于多孔高渗透性土壤，如泥炭和河流淤泥，重金属去除率仅为65%。应用电动修复高渗透性土壤时往往需要进行一些改进。李欣（2003）对Pb污染红壤的电动修复技术进行了研究，发现改进之后的电动修复适用于Pb污染红壤，阴极酸化法能有效地提高修复效率、降低修复成本和缩短修复周期。

在电动修复重金属污染土壤实验中，用去离子水/自来水作修复液对重金属的去除率较低。因此，需要采用适宜的修复液提高修复效率。常用的修复液有氯化钙、氯化钾、碘化钾、硝酸钾、乙酸铵、柠檬酸、硝酸、盐酸、乙酸、乳酸、氢氧化钠、乙二胺四乙酸等。其中，酸溶液用来调节阴极室 pH，碱溶液用来调节阳极室 pH，盐溶液用来提升导电能力，加快重金属离子的电迁移速度，络合剂用来解吸土壤颗粒表面的重金属（章梅 等，2019）。章梅等（2020）采用电动修复技术处理 Pb 和 Cd 复合污染土壤，用柠檬酸和乙二胺四乙酸二钠作为电解液对棕壤和红壤中的 Pb 和 Cd 去除效果进行了研究，实验表明：在电压梯度为 2 V/cm、修复时间为 4 天的条件下，棕壤的最佳电解液为乙二胺四乙酸二钠，Pb 和 Cd 的平均去除率分别为 13.2%和 17.8%；红壤的最佳电解液为柠檬酸，Pb 和 Cd 的平均去除率分别为 20.0%和 33.8%。在掌握土壤理化性质及污染物之后，选取合适的修复液至关重要，而研究表明单一修复液已不能满足要求，因此研究人员在逐步研究组合修复液。

电动修复技术处理污染土壤具有高效性，不需要投入化学药剂，修复过程对景观、建筑和环境的影响较小，不受土壤低渗透性影响，可去除重金属离子且对有机污染物和无机污染物均有效，具有十分广泛的应用前景。但是该技术不适用于渗透性高、传导性差的土壤，对含水率低于 10%的土壤的处理效果差，且技术水平要求较高。

电动修复技术发展很快，研究人员在电动修复条件优化和技术增强方面进行了大量的工作。目前，主要通过添加电解液或控制 pH 来强化电动修复效果，理论上讲，土壤原位电动修复技术是今后的发展趋势。原位电动修复技术不需要把污染的土壤固相或液相介质从污染现场挖出或抽取出去，而是依靠电动修复过程直接把污染物从污染现场清除。但随着土壤污染情况的复杂化，单一的电动修复技术不能很好地修复污染土壤，发展复合型土壤修复技术（联用技术）也是当前电动修复领域研究的热点。电动-可渗透反应墙耦合技术结合了电动修复技术和可渗透反应墙的优点。Zhang 等（2012）将电动修复与可渗透反应屏障技术结合起来，利用模拟装置，在电压 20～30 V、污染物铬质量分数 0.16～1.65 mg/g 的条件下，有效修复了大面积污染土壤中的铬和各种阴离子污染物。

1.1.3 固化/稳定化

固化/稳定化（solidification/stabilization，S/S）技术是一种通过向土壤引入外加物质或改变土壤的条件来降低污染物的迁移性和生物有效性的修复技术（刘刚，2015）。污染物的迁移性和生物有效性是其毒性大小的关键，因此通过固化/稳定化技术能够显著降低污染物在土壤中的毒性。固化/稳定化技术分为固化和稳定化两个过程（Bone et al.，2004）。固化是指向受污染土壤中添加具有持久性的基质，从而将土壤中的重金属包裹固定起来，使其与外界环境隔离，降低重金属离子的流动性，限制其在土壤中的迁移，是一种物理过程。固化技术不仅可以减轻土壤重金属污染，而且其产物还可用于建筑、铺路等，但缺点在于它会破坏土壤，而且需使用大量的固化剂，因此只适用于污染严重但面积较小的土壤修复。稳定化是指通过添加一些稳定剂与土壤中重金属发生化学反应，如吸附反应、沉淀反应或离子交换等，将重金属污染物转化成化学性质不活泼的形态，阻止其迁移和浸出，从而降低其生物有效性（秦顺超，2019）。在实际应用中，常将这两种技术联合使用以实现对污染场地更好的修复效果。

固化/稳定化技术因其处理时间短、成本低、能同时处理多种污染物、可用于处理难降解污染物（如重金属、多氯联苯、二噁英等）、可进行原位和异位修复及处理后的土壤物理性质有所改善（如降低渗透性等）等优势，已在国内外得到广泛的应用（Bone et al.，2004）。自 2005 年以来，我国应用固化/稳定化技术修复的污染场地已超过 100 个。该技术目前的研究主要集中在添加剂的选择和开发上，处理效果与添加剂的种类和成分、比例、土壤中重金属的总含量等有关，因此针对不同的重金属污染选择合适的固化剂和稳定剂是关键。常用的添加物质主要包括无机物质（如水泥、石灰等）、热塑性和热固性有机材料（热塑性材料包括沥青、聚乙烯、石蜡等，热固性材料包括脲甲醛、聚酯和环氧树脂等）、有机物料（如有机堆肥、秸秆、腐殖质和壳聚糖等）、环境矿物材料（如石灰石、膨润土、高岭土、沸石等）、化学药剂（如氢氧化钠、磷酸亚铁、磷酸盐、硫化钠等无机药剂和高分子有机药剂）（秦顺超，2019）。用于固化/稳定化技术的添加剂从单一试剂发展到多种试剂的组合，并且采用多种试剂组合对重金属复合污染土壤进行化学稳定化修复已得到广泛的认同（Kumpiene et al.，2008；McGowen et al.，2001）。

1. 水泥固化

水泥固化技术是将废物和水泥混合，经水化反应后形成坚硬的水泥固化体，从而达到降低废物中危险成分浸出的目的。可以用作固化剂的水泥品种很多，通常有普通硅酸盐水泥、矿渣硅酸盐水泥、火山灰质硅酸盐水泥、矾土水泥和沸石水泥，普通硅酸盐水泥就具有良好的固化性能。水泥是一种廉价易得的材料，使用水泥作为固化剂具有固化效果好、修复时间短、处理工艺和设备简单等优点，已经在国内外重金属污染场地的修复中得到了广泛应用。水泥固化过程中，由于废物组成的特殊性，常会遇到混合不均匀、过早或过迟凝固、操作难以控制、产品的浸出率高、固化体的强度较低等问题。为改善固化条件，提高固化体的性能，固化过程中需根据废物的性质和对产品质量的要求掺入适量的添加剂。以水泥为基本材料的固化技术最适用于处理无机类型的废物，尤其是含有重金属污染物的废物。由于水泥所具有的高 pH，几乎所有重金属会以不溶性的氢氧化物或碳酸盐形式而被固定在固化体中。研究指出，Pb、Cu、Zn、Sn、Cd 均可得到很好的固定，但 Hg 仍然主要以物理封闭的微包容形式与生态圈进行隔离。另外，有机物对水化过程有干扰作用，它可能导致生成较多的无定形物质而干扰最终的晶体结构形式，减小最终产物的强度，并使稳定化过程变得困难。在固化过程中加入黏土、蛭石及可溶性的硅酸钠等物质，可以缓解有机物的干扰作用，提高水泥固化的效果。

2. 石灰稳定化

石灰是一种碱性非水硬性凝胶材料，在稳定化过程中提供 OH^-、提高土壤 pH，使土壤中的水溶态（含交换态）重金属形成氢氧化物、碳酸盐结合沉淀或共沉淀，并在碱性条件下保持长期稳定。Chang 等（2009）对韩国某锌冶炼厂附近 Cd、Zn 污染农田施用石灰，结果显示，植物中的 Cd、Zn 含量和土壤中酸可提取态 Cd、Zn 含量都随着石灰用量的增加而显著降低，这是因为施用石灰提高了土壤 pH，显著增加了土壤的阳离子交换量，从而降低了 Cd 和 Zn 的植物可提取性。刘勇等（2019）研究了石灰对不同处理水平（轻度、中度、重度）下土壤典型重金属 Cu、Cd、Pb、Zn 化学形态的影响。结果表明，添加石灰 60 天后，土壤 pH、有机质含量均明显升高，4 种重金属化学形态总体呈现由水溶态、交换态等活性态向有机态、残渣态等非活性态转化的趋势，其生物活性、迁移能力及淋溶能力均有不同程度的下降，表明石灰是土壤重金属复合污染的有效修复剂。潘香玉（2020）研究了施用石灰对土壤酸化改良、水稻产量和重金属积累的影响，试验结果表明，施用石灰将土壤 pH 提高了 0.5～1.81，水稻增产 226.2～817.8 kg/hm^2，增幅为 3.62%～13.29%，可以降低水稻根部、茎秆和稻穗对 Pb、Cd 的吸收。

3. 硫化物材料稳定化

硫化钠对重金属的沉淀作用多应用于含重金属废水的处理，硫化钠为碱性物质，其稳定土壤重金属的机理可以分为两个部分。首先，硫化钠能够在土壤中电离出 S^{2-}，与土壤中的 Cd^{2+}、Pb^{2+}、Cu^{2+}、Zn^{2+} 等二价重金属离子发生反应生成重金属硫化物沉淀，降低重金属在土壤中的迁移性和生物可利用性。其次，硫化钠电离出的 S^{2-} 也可发生水解反应生成 OH^-，OH^- 可将土壤中的重金属离子沉淀，生成重金属的氢氧化物沉淀。王萍（2017）采用盆栽实验研究了硫化钠对不同理化性质土壤中的 Pb、Cd、Cu、Zn 的稳定化效果，结果发现硫化钠不同程度地降低了土壤中各重金属的有效态含量，增加了小白菜的生物量和叶绿素含量。李海波等（2017）研究了硫化亚铁（FeS）对重金属污染湖泊底泥的稳定化修复效率及作用机制，结果表明 FeS 能有效稳定化湖泊底泥中的 Cu、Pb 和 Cd。当水溶液初始 pH 为 2、FeS 的添加量为 5% 时，Cu、Pb 和 Cd 的稳定化率分别达到 72.83%、55.25% 和 48.17%。水溶液初始 pH 在 2～7 逐渐升高时，FeS 对重金属的稳定化效率逐渐降低。在 FeS 稳定化重金属的过程中，Cu 的稳定化主要通过形成 CuS 沉淀，Pb 和 Cd 的稳定化过程均包含生成金属硫化物沉淀和 $Fe(OH)_3$ 共沉淀过程。

4. 复合材料稳定化

自然界中大多数土壤污染为几种重金属污染物共同作用而造成的复合污染，治理复合污染土壤需选择对各目标污染物都有效的稳定剂，还需避免由某些参数（如 pH）的大范围波动导致在稳定一种污染元素的同时活化了其他污染元素。由于存在吸附竞争，某些重金属（如 Cu、Pb）会导致其他重金属（如 Zn）稳定性下降；相反，带异性电荷元素之间的协同作用则会增强稳定性，如 As 和 Zn 可在铁氧化物表面形成 As-Zn-Fe 沉淀，Zn 稳定性增强（缪德仁，2010）。因此使用单一的修复手段和施加单一的固化/稳定剂很难达到修复多种重金属污染的目的。目前，大部分研究关注于应用多种化学试剂组合修复复合污染土壤，如配合使用不同类型的固化/稳定剂、无机-有机联合施用等。陈灿等（2015）以生石灰为稳定剂，水泥、粉煤灰为固化剂，对铅锌废渣进行了固化/稳定化研究，当生石灰的添加量为 4%、固化剂废渣比（质量比）为 0.4∶1 时，固化体中 Pb、Zn 的浸出浓度分别为 0.16 mg/L、0.243 mg/L，符合安全填埋要求。秦顺超（2019）选取水泥作为固化剂，硫化钠、磷酸二氢钙和石灰作为稳定剂处理 Pb、Cd 污染土壤，研究表明：经复配药剂固化/稳定化之后，土壤中 Pb、Cd 的酸可提取态分别由处理前的 8.62%、81.56% 降至最低的 0.12%、0.75%；可还原态分别由处理前的 27.09%、12.80% 降至最低的 0.82%、1.93%；可氧化态分别由处理前的 2.20%、2.51% 升至最高的 4.58%、20.11%；

残渣态分别由处理前的 62.09%、3.14%升至最高的 96.05%、77.37%。复配药剂的加入使 Cd 转化为较稳定的形态,生物可利用性降低。同时在今后的研究中,对多种重金属污染土壤应倾向于联合使用多种修复技术,例如化学-生物联合修复、物理-化学联合修复、化学-物理-生物联合修复等。

1.1.4 化学淋洗

化学淋洗(washing/leaching)技术是指借助能促进土壤环境中重金属溶解或迁移作用的化学/生物化学溶剂,在重力作用下或通过水力压头推动淋洗液将其注入被污染土层中与重金属反应,然后把含有重金属的液体从土层中抽提出来,进行分离和污水处理(吴启堂,2011)。按照处理方式,土壤化学淋洗技术可分为原位土壤化学淋洗修复技术和异位土壤化学淋洗修复技术。原位土壤化学淋洗修复技术是根据污染物分布的深度,让淋洗液在重力或外力作用下流过污染土壤,使污染物从土壤中迁移出来,并利用抽提井或采用挖沟的办法收集洗脱。洗脱液中污染物经合理处置后可以进行回用或达标排放,处理后的土壤可以再安全利用,如图 1.2(周启星 等,2004)所示。异位土壤化学淋洗修复技术是先将污染土壤进行挖掘,然后进行土壤颗粒筛分,剔除杂物(如垃圾、有机残体、玻璃碎片、粒径过大的砾石等),再进行淋洗处理,其中含有悬浮颗粒的淋洗废液经处理后可再次用于淋洗,最后淋洗后的土壤符合控制标准进行回填或安全利用,淋洗废液处理中产生的污泥经脱水后可再进行淋洗或送至最终处置场处理(图 1.3)。

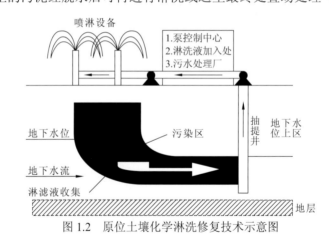

图 1.2 原位土壤化学淋洗修复技术示意图

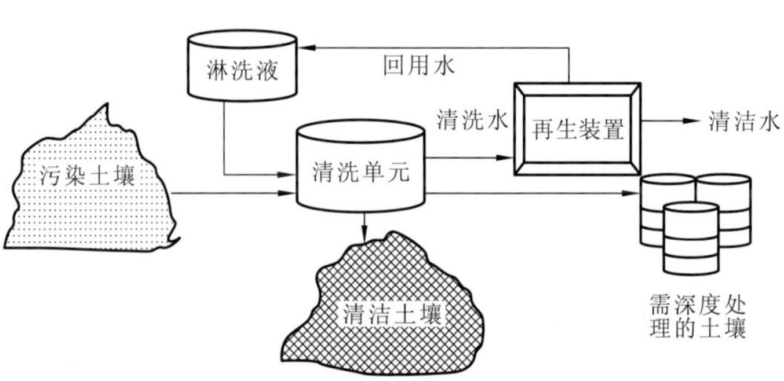

图 1.3 异位土壤化学淋洗修复技术示意图

原位土壤化学淋洗修复技术适用于水力传导系数大于 10 cm/s 的多孔隙、易渗透的土壤，如沙土、砂砾土、冲积土和滨海土等。它可去除吸附态污染物，包括重金属、易挥发卤代有机物和非卤代有机物，无须对污染土壤进行挖掘、运输，同时也适用于包气带和饱水带多种污染物的去除；缺点是可能会污染地下水，无法对去除效果与持续修复时间进行预测，且去除效果受制于场地地质情况等。异位土壤化学淋洗修复技术适用于黏粒含量低于 25%，被重金属、放射性核素、石油烃类、挥发性有机物、多氯联苯和多环芳烃等污染的土壤，处理能耗低，应用范围广。异位土壤化学淋洗技术通常用于污染土壤的预处理，主要与其他修复技术联用。与固化/稳定化技术比较，土壤化学淋洗技术能够去除重金属，处理后的土壤去向不受限制，污染物去除彻底、时间快，并且对高浓度污染土壤的修复效率高，因此是当前土壤修复研究的一大热点。土壤化学淋洗过程的主要技术手段在于向污染土壤中注射溶剂或化学助剂，提高污染土壤中污染物的溶解性和它在液相中的可迁移性是实施该技术的关键，因此采用淋洗技术需选取合适的淋洗剂。目前常见的淋洗剂有无机淋洗剂、螯合剂、表面活性剂和复合淋洗剂 4 种，也有气体淋洗剂。

无机淋洗剂是使用最早的淋洗剂，通常为酸、碱、盐，常见的提取剂主要有盐酸、硫酸、硝酸、磷酸、氢氧化钠、草酸和柠檬酸等。其作用机制主要是通过酸解或离子交换等作用破坏土壤表面官能团与重金属形成的络合物，从而将重金属交换解吸并从土壤中分离出来。研究表明，同一种淋洗剂对不同土壤中重金属去除效果不同，这可能是由于不同土壤的性质、污染状态和重金属在土壤中存在的形态不同（孙涛 等，2015）。对于 Cd 污染土壤，酸溶液是一种高效的淋洗助剂；而对于 Zn、Pb 和 Sn 等重金属污染土壤，碱溶液是较好的淋洗助剂。莫良玉等（2013）研究了硝酸铵、磷酸二氢铵和草酸铵 3 种铵盐对 Zn 和 Pb 污染土壤的修复效果，结果表明 3 种淋洗剂均能将土壤中的 Zn 和 Pb 淋洗出来，但草酸铵去除土壤中 Zn 和 Pb 的能力强于硝酸铵和磷酸二氢铵，且随着淋洗剂浓度的升高，去除能力增强。随着相关技术的不断改进，无机淋洗剂已经逐渐被人工螯合剂乙二胺四乙酸（ethylenediaminetetraacetic acid，EDTA）代替，EDTA 可以对大部分重金属起到络合螯合效果。

螯合剂如乙二胺四乙酸（EDTA）、氨三乙酸（nitrilotriacetic acid，NTA）、二乙基三胺五乙酸（diethylene triamine pentaacetic acid，DTPA）、柠檬酸、苹果酸等，其作用机制是通过络合作用将吸附在土壤颗粒及胶体表面的金属离子解络，然后利用自身更强的络合作用与重金属形成新的络合体，从土壤中分离出来，适用于重金属类污染物的处理。李丹丹等（2013）采用土柱间歇式淋洗的方法，研究了柠檬酸对土壤中总 Cr 和主要污染物 Cr(VI)的去除效果，当淋洗量达到 5.4 个孔隙体积时，土壤中总 Cr 的去除率为 29%，Cr(VI)的去除率达 51%。赵娜等（2011）研究了 EDTA 和乙二胺二琥珀酸（ethylene diamino-disuccinic acid，EDDS）两种螯合剂对 Cd 和 Pb 的去除效果，EDTA 和 EDDS 对 Cd 均具有良好的去除效果，去除率分别可达 82%和 46%，并且在 5～30 mmol/L 的同一浓度下，EDDS 对 Pb 的去除效果要高于 EDTA。

表面活性剂主要指阳/阴离子型表面活性剂，通过增溶、增流、促进离子交换等作用，提高重金属污染物在水中的溶解性。表面活性剂适用于重金属类和有机类污染物的处理。

化学合成的表面活性剂包括十二烷基苯磺酸钠（sodium dodecyl benzene sulfonate，SDBS）、十二烷基硫酸钠（sodium dodecyl sulfate，SDS）、曲拉通（Triton）、吐温（Tween）、壬基酚聚氧乙烯醚（Emulgin）、月桂基聚氧乙烯醚硫酸钠（Texapon）、椰油酰胺丙基甜菜碱（Polafix）等。Torres 等（2012）研究了多种表面活性剂对 As、Cd、Cu、Ni、Pb 和 Zn 的去除效果，结果表明 Tween 80 和 Emulgin 600 对重金属总的去除率分别为67.1%和61.2%，而 Texapon 40 对 Cu、Ni 和 Zn 的去除率分别为 83.2%、82.8%和86.6%，Tween 80 对 Cd、Zn 和 Cu 的去除率分别为 85.9%、85.4%和81.5%，Polafix CAPB 对 Ni、Zn 和 As 的去除率分别为 79%、83.2%和49.7%。然而，化学表面活性剂因价格昂贵、生物降解性差，使用受到限制。相对于化学合成的表面活性剂，生物表面活性剂无毒，可生物降解，对环境影响很小。生物表面活性剂包括鼠李糖脂（rhamnolipid，RL）、单宁酸、皂角苷、腐殖酸、环糊精及其衍生物等。Maity 等（2013）研究了环境友好型生物可降解表面活性剂皂苷对 Cu、Pb 和 Zn 污染土壤的修复效果，结果显示在酸性条件下，皂苷对 Cu、Pb 和 Zn 的去除率分别达95%、98%和56%。近年来，槐糖脂和鼠李糖脂等表面活性剂已经成为研究的热点内容,低共熔溶剂和植物淋洗剂也正在被专业人员研究。

传统的土壤淋洗剂存在淋洗效率低、淋洗剂用量大及二次污染等问题，因此需要对淋洗技术进行优化。常规的优化技术包括化学优化技术和物理优化技术，化学优化技术包含使用复合淋洗剂及淋洗助剂，物理优化技术有电动力法、超声和微波法辅助等。复合淋洗剂是指将两种或多种淋洗剂组合联用或复配使用，可达到更为理想的处理效果，既能提高处理效率，也能避免某些淋洗剂的过量使用而破坏土壤结构。EDTA 难以降解，过量使用会引起新的土壤污染。姚苹等（2018）研究发现，先用 0.002 mol/L 的 EDTA淋洗，再用柠檬酸淋洗，对土壤中 Pb 和 Cd 的淋洗效率最高，超过了单独使用 0.02 mol/L EDTA 的淋洗效率,表明柠檬酸和低浓度的 EDTA 复合淋洗能代替高浓度的 EDTA 淋洗。戴竹青等（2020）研究发现，与 5 g/L 柠檬酸单独淋洗相比，加入 10 g/L 盐酸羟胺进行混合淋洗显著提高了土壤重金属洗脱率，其中 Pb 洗脱率提高了 36.2%。化学淋洗能去除大部分水溶态和可交换态的重金属，使用淋洗助剂可进一步提高土壤结合态和残渣态重金属的去除率。Cao 等（2017）利用马桑、短尾铁线莲、清香木和蓖麻提取液进行土壤重金属去除实验，并研究了水解聚马来酸酐（hydrolyzed polymaleic anhydride，HPMA）和 2-膦酸丁烷-1, 2, 4-三羧酸（2-phosphonobutane-1,2,4-tricarboxylic acid，PBTCA）这两种可生物降解的助剂与植物淋洗剂组合使用的效果，结果表明添加 HPMA 或 PBTCA的植物淋洗剂可进一步提高土壤重金属的去除率。电动力法能提高低渗透性土壤中淋洗的效率，电动力法的辅助弥补了直接淋洗在某些土质酸碱度、渗透性等方面的缺陷，可以配合螯合淋洗剂进行原位修复；超声和微波的作用相似，可以使淋洗剂与土壤迅速充分接触，加快淋洗剂对土壤中重金属形态的转变且形成新的络合物（胡永丰 等，2019）。薛腊梅等（2013）利用微波强化 EDDS 淋洗 Cd、Pb 和 Zn 污染土壤，研究表明经过 10 min的 900 W 微波处理后，EDDS 对 Cd、Pb 和 Zn 的去除率较 6 h 未经微波处理时分别提高了8%、26%和33%，碳酸盐结合态和可交换态明显降低。采用辅助手段可以使淋洗剂的用量缩减，对各种土壤的适应性增强，同时对重金属去除效率也会明显提高。

1.1.5 植物修复

植物修复技术是由植物介导的净化过程，指利用植物对重金属进行提取、固定和挥发等过程去除土壤中重金属污染的技术，如图 1.4（徐剑锋 等，2017）所示。植物提取是指植物从土壤中吸取重金属污染物，并将其转移、积累到可收获部分（根部和地上部），随后通过收割地上部以达到降低或去除土壤重金属的目的。该技术适合浅层且污染程度较低的土壤修复，所用植物需具有生物量大、生长快和抗病虫害能力强等特点，还要具备富集多种重金属的能力。植物固定是指利用特定植物的根或分泌物，改变土壤根际环境，通过累积、沉淀、转化重金属的价态和形态，降低土壤中有毒重金属的生物有效性和迁移性，从而达到钝化、稳定、阻隔其进入水体和食物链的目的。植物固定包括分解、沉淀、螯合、氧化还原等多种过程。植物挥发是指利用植物根系吸收、积累和挥发重金属，或利用根系分泌的一些特殊物质，将挥发性重金属（如 Hg、Se 等）转化为气态物质挥发到大气中，达到降低土壤污染的目的。

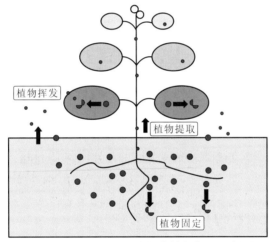

图 1.4 土壤重金属污染植物修复机理示意图

与目前常用的物理和化学修复技术相比，植物修复技术具有成本低、易操作、效率高、无二次污染、应用范围广、不破坏土壤环境且有利于土壤有机质和土壤肥力增加等特点，是一种更加新型、高效、绿色的治理技术，具有非常广阔的发展前景。土壤重金属污染植物修复技术研究主要集中在植物的土壤修复机理及修复植物的筛选（即超积累植物）方面。重金属超积累植物是指能够超量吸收重金属并将其转运和积累到地上部分的一类植物，超积累植物体内的重金属含量为一般植物的 100 倍以上。超积累植物的特征包括对高浓度的重金属污染物忍耐性强、一般不会发生植物毒害现象、能以较高的比率将金属从根系转移至地上部分、能快速吸收土壤溶液中的重金属、生长速度较快、生长周期较短、生物量较大、抗虫抗病能力强等（任海彦 等，2019；吴启堂，2011）。目前已发现 45 科 500 多种的（类）重金属超积累植物，我国目前发现的超积累植物有蜈蚣草（主要积累 As）、东南景天（主要积累 Zn）、商陆（主要积累 Mn）、龙葵（主要积累

Cd）等（王效举，2019）。表 1.1 为国内外研究较多的重金属污染土壤的超积累植物。除此之外，研究人员还发现刺沙蓬、蒲公英、狼耙草、玉米、棉花、月季、蒿柳、杨树等植物对镉元素有较强的吸附作用；刺玫蔷薇、桦树、小叶杨、杨树、云杉等植物对锌元素有较强的吸附作用；杨梅、凤尾蕨、宽叶香蒲、密蒙花、紫穗槐、土荆芥、银合欢等植物对铅元素有较强的吸附作用；菜豆、白车轴草、黄白杨等植物对汞元素有较强的吸附作用；欧洲凤尾蕨、蒙菊、丝状剪股颖等植物对砷元素具有较强的吸附作用。

表 1.1　常见的修复重金属污染土壤的超积累植物

元素	常见超积累植物种数/种	植物分布的科	代表性植物	代表植物地上部分重金属质量分数/（mg/kg）
镉	57	十字花科	天蓝遏蓝菜	2 100
镍	13	豆科	紫花苜蓿	450
铜	9	蓼科	酸模	1 800
砷	11	荨麻科	苎麻	550
汞	11	大戟科	乳浆大戟	25
铅	45	莎草科	小鳞薹草	1 800
锌	35	景天科	东南景天	4 500

注：引自任海彦等（2019）

　　实际的重金属污染土壤往往同时含有多种重金属。与单一重金属污染不同的是，复合重金属污染更加复杂，土壤毒性更强，治理起来难度更高。对于重金属复合污染土壤的植物修复，需要筛选出对污染土壤中的多种重金属元素均有吸附作用的超积累植物，表 1.2 列出了对多种重金属元素具有较强吸附能力的超积累植物。

表 1.2　常见的修复重金属复合污染土壤的超积累植物

元素	植物名称	元素	植物名称
镉、锰	商陆	镉、铅、砷	蜈蚣草
镉、锌	花叶燕麦草、拟南芥、天蓝遏蓝菜	镉、铅、锌	蒺藜、香根草、百喜草、东南景天、圆锥南芥
镉、镍	稻、叶下珠	镉、锌、汞	拟南芥
镉、铅	光烟草、菊苣	铅、砷、锌	甘蓝型油菜
镉、汞	长叶莴苣	镉、锌、铜	多花黑麦草
铜、铅	酸模	镉、铅、镍	紫花苜蓿
铜、锌	蓖麻	镉、汞、砷、铅、锌	苎麻
铅、锌	光叶紫花苕、高羊茅、木贼、香附子、长柔毛委陵菜、香蒲	镉、铅、镍、锌、硒、铜	印度芥菜
镉、硒、镍	向日葵	镉、铅、镍、铜、锌、砷	大豆、小麦
镉、铅、汞	烟草		

注：引自任海彦等（2019）

相对于其他修复技术，植物修复虽具有一定的优势，但也存在一定的不足。

（1）超积累植物对环境具有选择性，只有在特定的环境中特定的植物才能够生长，且修复过程容易受到外界条件的影响，不利的气候条件将会对植物的生长产生不利的影响，从而造成修复效果较差。

（2）超积累植物大多生长缓慢、根系短小、生物量低，导致植物修复过程通常比较耗时，相比于常规的修复需要更长的修复时间。

（3）必须对植物进行及时收割并妥善处理，用于修复的植物的相关器官往往会通过落叶、腐烂等途径而使吸附的重金属元素重返土壤，因此必须在植物落叶前进行收割，并进行无害化处理。

植物修复技术最大的应用瓶颈是修复效率低，难以在短时间内达到预期效果。为此研究人员开展了大量研究，以获得强化植物修复效率的方法。目前，植物强化修复的研究热点是开发既能促进超积累植物生长、提高其生物量，又能大幅提高植物对重金属吸收的方法。植物修复强化措施主要包括农耕措施强化修复、化学强化修复、微生物联合修复和基因工程强化修复4种。

1. 农耕措施强化修复

农耕技术是目前最环保的植物修复强化技术之一，可从植物与土壤两个方面对植物修复进行强化，常用的措施包括合理施加肥料、水分调控和改良耕作技术等。施加肥料可改良土壤营养环境、影响 pH 和氧化还原电位，促进植物的生长，同时还可改变土壤中重金属的存在形式和活性，促进植物对重金属的吸收（张华春 等，2020）。向土壤中加入氨态氮肥能够降低植物根际 pH，增加交换态 Cd 的含量，促进向日葵对 Cd 的吸收（Zaccheo et al.，2006）。目前，常用的肥料有氮肥、磷肥、钾肥和 CO_2 气肥等。适量施用氮肥可以显著促进植物生长，增加植物的生物量，但氮肥不能改变植物对重金属污染物的吸收能力，仅能通过提高植物的吸收总量达到改善污染土壤的目的；磷肥能够通过吸附、沉淀作用，降低重金属毒性，实现对重金属元素的积累和吸附，提升植物的吸收效率，强化植物修复效果；钾肥可以增强土壤重金属元素与钾离子及其伴随离子的交互作用；施加 CO_2 气肥可以提高植物生物量，增强植物抗胁迫能力，增强植物的吸收和累积能力（宋玉婷 等，2018）。水分调控对植物生长很重要，适量灌溉有利于植物生长，干旱或洪涝都会抑制植物的修复能力（张华春 等，2020）。通过改进农耕技术也可以促进植物修复效率，如中耕松土、合理间套种、优化种植密度等。间种是在同一块土地上，按一定比例一行或者多行间隔种植两种或两种以上生育季节近似的植物的方式；套种是指在前季作物生长后期的株间、行间或畦间播种或栽植后季作物的种植方式（李菲里 等，2021）。薛建辉等（2006）采用间作的模式种植茶树和杉木，发现茶园土壤中的 Pb、Ni、Mn、Zn 含量降低，且茶树叶片中 4 种重金属的含量较单作也显著减少，茶叶的品质得到了改善。周建利等（2014）通过长期田间实验，将超积累植物东南景天和玉米套种，发现土壤 Cd、Pb 含量逐渐下降，其中 Cd 的质量分数从 1.21～1.27 mg/kg 下降为 0.29～

0.30 mg/kg，同时套种下土壤 Cd 含量的降低率较单作提高了约 10%，收获后的玉米种子也在第 4 次田间实验（春种夏收）达到了食品安全卫生标准。

2. 化学强化修复

植物修复的化学强化是通过向环境中添加某种化学物质，提高植物的生长效果或改变土壤中重金属的状态，提高重金属的植物可利用性，从而提高植物对重金属的吸收作用。常用的化学试剂有螯合剂、表面活性剂、植物激素、酸碱调和剂等。螯合剂投入到土壤后与重金属发生螯合反应，使重金属污染物从不溶态转变成可溶态，大大增加了重金属的生物有效性，促进植物对污染土壤中重金属的吸收富集。目前，常用于强化植物修复的螯合剂主要有两类：多羧基氨基酸螯合剂，如常见的 EDTA、DPTA、EDDS、NTA 等；天然小分子有机酸，如柠檬酸、草酸和酒石酸等。Kayser 等（2000）发现施用 NTA 后，土壤中 Zn、Cd 和 Cu 的溶解度分别增加了 21 倍、58 倍和 9 倍。但螯合剂的添加量需要合理控制，若添加量过大，会导致较高的生物毒性，使植物生长受到极大的抑制，甚至可能造成水体污染。表面活性剂是一种亲水亲脂性化合物，能够提高细胞膜的通透性，通过土壤界面的吸附、金属络合等作用去除重金属。表面活性剂主要分为化学合成表面活性剂和天然生物表面活性剂。植物激素通过加速植物的生长、改善植物的代谢功能或与环境中重金属产生螯合作用，对重金属进行吸收或降低其毒性。研究发现，将表面活性剂和螯合剂联合使用能显著增加土壤有效态重金属的含量，有利于植物对重金属的吸收和向地上部转移，具有强化植物修复的效果（陈玉成 等，2004；王莉玮 等，2004）。除了使用化学试剂增强修复效果，还可采用化学淋洗法与植物修复联合作用。周建强等（2017）采用化学淋洗法辅助植物修复土壤中重金属 Cd 污染，将 H_2O、1%乳酸、5%乳酸和 0.03 mol/L EDTA 溶液作为淋洗剂，改变土壤中 Cd 的存在形态，以提高植物修复效率，结果表明 EDTA 联合植物修复效果最佳，土壤中 Cd 的去除率为 82.33%。

3. 微生物联合修复

微生物联合修复是指借助土壤中微生物来协助植物根系对土壤重金属进行吸收、稳定和络合螯合反应，提高植物修复土壤重金属污染的效率。植物根系可分泌微生物所需的营养物质，而微生物反过来分泌可促进植物生长或增强其抗逆性的植物激素、铁载体、有机酸等物质，从而形成微生物-植物共生系统，提高污染物的净化效果。目前，该技术存在两种形式，分别是植物与专性菌株的联合修复和植物与菌根的联合修复。植物与专性菌株的联合修复是利用对重金属产生抗性的细菌（如放线菌门、厚壁菌门和变形菌门等）促进植物的生长，并且刺激植物对重金属的吸收，以此提高植物对重金属的修复效果。植物与菌根的联合修复是利用土壤中真菌菌丝与高等植物营养根系形成的一种联合体，具有酸溶和酶解能力的菌根真菌可以转移更多的营养物质到植物体内，并且能够产生一些植物激素，促进植物生长。另外，植物的根际微环境也会因为菌根真菌本身的活动而改善，增强植物抗病抗逆境的能力（李非里 等，2021）。菌根真菌通过根外菌丝和孢子提供重金属结合的位点，与重金属离子结合形成稳定的螯合物，影响根际 pH 和氧化还原电位，调节菌根根际环境，提高宿主植物对重金属的耐受性和抗逆性，影响植物对重金属的吸收、转运和累积，强化植物修复效果。目前，菌根主要可以分为外生菌根、内生菌根和内外生菌根三种类型。微生物联合的植物重金属修复具有污染少、效果明显的优势，但要实际应用仍需考虑很多环境因素。

4. 基因工程强化修复

基因工程强化修复是指利用基因重组技术，将金属螯合剂、重金属转运蛋白、植物螯合肽和金属硫蛋白等特定异源目的基因转入超积累植物中，使其在植物体内表达并参与吸收、络合、转运及挥发重金属等过程，以此提高植物修复能力的技术（宋玉婷 等，2018）。基因工程强化植物修复主要表现在：利用基因工程提高修复植物的生物量，从而增强对重金属的吸收；增加酶的表达，从而提高修复植物的耐性和抗性；在植物体内转换重金属离子形态，从而降低重金属对植物的毒性；将耐重金属或吸附重金属基因转导到修复植物中，从而提高植物对重金属的耐性和抗性等。该修复技术发展于基因工程技术，通过增加植物的重金属耐受性提高其重金属修复效率，具有对环境影响小、无二次污染等优点。但目前利用基因工程的植物修复技术大多停留在实验室阶段，还需进一步研究对植物进行改造的风险，包括基因漂移、基因产物对生态系统的负面影响、导致害虫产生抗性等（Ding et al.，2001）。

1.2 土壤重金属-有机物复合污染及修复技术

1.2.1 土壤重金属-有机物复合污染现状

随着工农业的发展，我国土壤有机、无机污染问题日益加剧，根据 2014 年环境保护部和国土资源部发布的《全国土壤污染状况调查公报》，我国土壤污染总超标率为 16.1%，其中，中重度污染比例高达 2.6%，主要包括 Cd、Hg、As、Cr、Ni 等无机污染物和多环芳烃（polycyclic aromatic hydrocarbons，PAHs）、双对氯苯基三氯乙烷（dichloro diphenyltrichloroe thane，DDT，又称滴滴涕）、六氯环己烷（又称六六六）等多种有机污染物及复合型污染。从污染分布情况看：南方土壤污染重于北方；长江三角洲、珠江三角洲、东北老工业基地等部分区域土壤污染问题较为突出；西南、中南地区土壤重金属超标范围较大。土壤重金属-有机物复合污染的来源主要包括有机农药和重金属之间的复合，含酚、苯和氰化物等高浓度污染物的废水灌溉、含重金属农药的使用及大气污染物的沉降等。土壤重金属-有机物复合污染的常见类型及来源如表 1.3 所示。

表 1.3　土壤重金属-有机物复合污染的常见类型及来源

污染类型	来源
有机农药与重金属	农药使用，城市污泥的农业利用，农药厂污水排放等
有机染料与重金属	印染废水排放，染料合成污水排放，装修废水等
苯、酚类物质与重金属	污泥、石油生产与污水处理，有机肥生产
石油烃与重金属	石油生产、应用或泄漏，农业机具清洗或泄漏
多环芳烃与重金属	石油降解物堆积，有机肥料生产，大气沉降，城市污水
有机螯合剂与重金属	土壤处理，污水灌溉，污泥的农田处理
有机洗涤剂与重金属	化工厂污水、医院污水和生活污水的排放与灌溉
有害微生物与重金属	医用污水排放与灌溉

相对于单一污染，在重金属-有机物复合污染体系下，土壤中有毒有机物和重金属会发生一系列交互作用，即一种污染物的行为会受到其他污染物的影响，使土壤重金属-有机物复合污染在同等条件下更难治理（李鸿炫 等，2017）。有机污染物与重金属在土壤中的交互作用主要包括吸附行为、化学作用过程和微生物过程的交互作用。①有机污染物与重金属在土壤中可能存在对吸附点位的竞争，它们在环境中的同时出现势必导致其吸附过程的相互制约。②交互作用过程主要包括络合、氧化还原及沉淀等，其中重金属-有机络合物的形成将显著改变重金属及有机污染物在土壤中的物理化学行为，从而使土壤表面对重金属的保持能力、水溶性、生物有效性等发生一系列的影响；此外，一些重金属（如汞、锡等）还能与有机污染物作用而导致有机化，从而生成毒性更大的金属有机化合物（如甲基汞、三甲基锡等）。③大部分重金属污染容易导致土壤中酶活性的降低，呼吸作用减小，氮的矿化速率变慢，从而间接影响有机污染物的降解，使有机污染物降解半衰期延长等（周东美 等，2000）。

重金属-有机物复合污染除了带来环境治理的难题，其综合毒性还严重威胁着动植物生长及人类健康。目前，对重金属和有机物单一污染的土壤修复技术已趋于成熟，但关于重金属-有机物复合污染土壤修复技术的研究还相对较少。因此深入开展土壤重金属-有机物复合污染修复治理研究，对解决我国土壤复合污染所面临的处理、处置问题，完善重金属-有机物复合污染修复治理技术体系具有极其重要的意义。

重金属和有机污染物在土壤修复过程中存在交互作用，且治理机理存在明显的差异，因此针对重金属-有机物复合污染土壤的修复较单一污染更为困难，目前的修复治理技术主要分为物理修复技术、化学修复技术、生物修复技术和联合修复技术。

物理修复技术是指利用一系列物理手段将污染物从土壤中分离或去除的技术，其中效果明显、易于应用的主要有改土、电动修复、热修复技术。其中，改土包括翻土、客土、换土等，可有效减少污染物对环境的影响，但是该技术工作容积大、成本高，适用于污染严重、污染面积小的情况。电动修复是指在电场作用下主要通过电子迁移、电渗流等作用将污染物从土壤中去除，由于常规电动修复方法对土壤重金属-有机物复合污染的去除效率较低，所以常采用向电解液中添加表面活性剂、螯合剂等来提高去除率。热修复技术是指采用蒸发、微波、红外辐射等加热的方法去除土壤中的挥发性污染物，污染物挥发后使用真空负压机运载气体实现污染物的收集和去除，该技术操作过程简单方便、设备可移动性强、土壤可二次利用，但设备昂贵、处理时间长（侯隽，2018）。利用热修复技术对有机物-汞复合污染土壤的修复效果良好，且处理后污染物浓度符合国家标准。

化学修复技术主要包括化学氧化修复技术、化学稳定化修复技术、化学淋洗修复技术等。化学氧化修复主要利用化学药剂的氧化作用，通过化学反应变化使土壤中污染物转化为低毒形态，从而达到降低污染土壤环境风险的目的；化学稳定化修复技术是通过加入特定化学药剂与污染物形成沉淀和共沉淀等形式，使污染物向无毒或毒性小的形态转变；化学淋洗修复技术是通过使用淋洗液对污染土壤的淋洗和冲刷，使污染物从土壤中解吸从而进入淋洗液中，针对重金属-有机物复合污染土壤，研究者常使用络合剂去除土壤中的重金属，添加表面活性剂增溶有机污染物（侯隽，2018）。

生物修复技术是指利用植物、动物及微生物的吸收、降解和转化作用，将土壤中的污染物固定、转化为无毒害的物质，或者使污染物的浓度降低到一定水平，降低污染物迁移性，减弱污染物向周围环境的扩散作用。重金属-有机物复合污染土壤的生物修复技术主要包括植物修复、微生物修复及植物-微生物联合修复。万玉山等（2017）研究表明黑麦草对 Cd-B[α]P 复合污染土壤中 Cd 和 B[α]P 有良好的去除作用，在 75 天时去除率分别达到 58.55%和 89.95%。Li 等（2016）将根瘤菌用于 Pb-芘（Pyr）复合污染土壤的修复，研究表明根瘤菌的沉积作用能够将土壤中水溶态 Pb 转化为其他形态，同时对土壤中的 Pyr 也有显著的去除效果。

由于土壤环境的复杂性，用原有的物理、化学、植物及微生物等单一的修复技术对复合污染进行修复很难取得较好的效果，如何将各种修复技术进行合理结合，在土壤污染修复方面取得突破性的进展，成为现阶段的研究热点之一。针对重金属-有机物复合污染土壤联合修复技术，研究者开展了大量研究，其中主要包括物理与化学联合修复技术、化学与生物联合修复技术、植物与微生物联合修复技术。

1.2.2 化学淋洗

化学淋洗修复是指通过将化学淋洗剂注入污染土壤中，与污染物接触后将土壤中的污染物浸提到淋洗液中，最后对淋洗液进行处理，进而实现污染土壤的有效修复。土壤淋洗的作用机制在于利用淋洗液或化学助剂与土壤中的污染物结合，并通过淋洗液的解吸、螯合、溶解或固定等化学作用，达到修复污染土壤的目的，主要通过两种方式去除污染物：①以淋洗液溶解液相、吸附相或气相污染物；②利用水力冲洗带走土壤孔隙中或吸附于土壤中的污染物。淋洗剂可以是水、化学溶剂等能把污染物从土壤中淋洗出来的流体，通常使用的淋洗液有活化污染物的无机酸、解吸有机物的表面活性剂、络合重金属的 EDTA 等。有时气体也可作为淋洗剂。

根据土壤污染程度及污染物的种类和性质，选用适当的淋洗剂是关键，通常选用酸或螯合剂对重金属污染土壤进行淋洗修复，选用表面活性剂洗脱土壤中的有机污染物。针对重金属-有机物复合污染土壤，采用螯合剂-表面活性剂联合修复，螯合剂可以去除土壤中的重金属，表面活性剂可以增溶有机污染物。如采用非离子表面活性剂 Tween80

和 EDTA-2Na 混合溶液对芘-镉复合污染土壤进行淋洗修复，可以得到很好的修复效率（张杰西，2014）；使用 EDTA 和聚乙二醇十二烷基醚组合修复铅-菲复合污染土壤时，铅和菲的去除率分别达 48%和 55%（Fonseca et al.，2011）。

在土壤重金属污染修复应用研究中常用的螯合剂主要有两类：①氨基多羧酸，如 EDTA、DTPA 和 NTA 等，几乎能与所有金属离子形成稳定的配合物；②天然的低分子有机酸，如柠檬酸、草酸、酒石酸等，能促进金属离子的解吸附作用，通过与金属离子形成可溶性的络合物来提高金属离子的活性和移动性（李晓宝 等，2019）。螯合剂处理重金属污染的机理主要有两种：①钝化重金属，即通过与重金属离子螯合反应，改变重金属元素形态，由生物有效性和迁移活动性较高的交换态变为较稳定的形态，进而达到钝化重金属污染的目的；②活化重金属，即螯合剂可以与土壤溶液中的重金属离子结合，从土壤颗粒表面解吸出重金属离子，降低重金属离子的浓度（鲁雪梅 等，2017）。表面活性剂分子的特点是具有亲水基团和疏水基团（亲脂基团）的两性基团，表面活性剂能够显著降低接触界面的表面张力，增加有机污染物特别是疏水有机污染物在水相的溶解性。表面活性剂按亲水性离子分为阴离子表面活性剂、阳离子表面活性剂、非离子表面活性剂和两性离子表面活性剂（黄录峰，2013）。

土壤化学淋洗修复技术可去除大部分污染物（如半挥发性有机物、多环芳烃、重金属、氰化物及放射性污染物等）；操作灵活，可进行原位修复和异位修复，同时异位修复又可进行现场修复或离场修复；应用灵活，可单独应用，也可作为其他修复方法的前期处理技术；修复效果稳定、彻底，周期短，效率高。但是该技术对土壤理化性质要求严格，对土质黏重、渗透性差的土壤的修复效果较差；目前去除效率较高的淋洗剂价格都比较昂贵，难以用于大面积的实际修复；除此之外，洗脱废液的回收处理问题也值得关注，且注入的淋洗剂大多难以被生物降解，容易在土壤中残留造成二次污染（侯隽，2018）。在今后的研究中应开发新型淋洗剂，同时改进原有淋洗剂，尽可能达到无污染、污染物洗脱率高、土壤吸附性小、经济廉价、可回收利用的目的；也应加强各种修复技术的联合使用，研究土壤污染的实地修复技术。

1.2.3 物理-化学联合修复

物理-化学联合修复是利用污染物的物理、化学特性，通过分离、固定及改变污染物存在状态等方式，将污染物从土壤中去除的技术。该技术具有周期短、操作简单、适用范围广等优点；但传统的物理修复、化学修复存在修复费用高昂、易产生二次污染、破坏土壤及微生物结构等缺点，制约了相关技术从实验室向大规模应用的转化。近年来，针对重金属-有机物复合污染土壤，研究者进行了一系列的尝试，通过对一些物理和化学修复方法的联合，有效地克服了单一修复方法存在的问题，在提高修复效率、降低修复成本方面取得了一定的进展，也为今后物理修复和化学修复的发展提供了新的思路。

化学氧化修复技术通过向污染土壤中投加氧化剂，使污染物与氧化剂发生反应转化成无毒或毒性相对较小的物质，从而达到修复土壤的目的，常见的氧化剂包括芬顿试剂、过硫酸盐、过氧化氢、臭氧等（曹斌，2021），其中，过渡金属离子（Mn^{2+}、Fe^{2+}、Cu^{2+}、Ag^+等）活化过硫酸钠得到了越来越多的应用（李鸿炫 等，2017）。基于化学氧化修复技术，研究人员采用各种物理手段与之联合，如 Dadkhah 等（2002）先用亚临界的热水作为介质，将 PAHs 从土壤中提取出来，然后用氧气、H_2O_2 来处理含有污染物的水。通常状况下，由于极性较强，水对很多有机物的溶解度不高，但随着温度的升高，其极性降低，在亚临界状态已经成为 PAHs 的良好溶剂。用这种方法，土壤中 99.1%~99.9%的 PAHs 都被提取到水中，而经过氧化在水中残留的 PAHs 不超过 10%。此方法用水作为溶剂，具有成本低、对环境友好等优点。Flores 等（2007）采用化学氧化与超声波联合修复甲苯和二甲苯污染土壤，使用芬顿型催化剂和 H_2O_2，可以将有机物完全氧化成 CO 和 CO_2，整个反应过程在室温下进行，而且反应时间短。超声波能量不仅有助于从土壤中解吸碳氢化合物，而且还可促进过氧化氢和水分子分解产生氧化剂·OH 自由基。曹斌（2021）报道了使用一种异位化学氧化+水泥窑协同处置修复技术处理某重金属及有机物复合污染场地，其中 As 污染土壤挖掘后外运至水泥厂进行水泥窑协同处置；有机物污染土壤挖掘后首先使用芬顿试剂进行异位化学氧化预处理，消除异味，然后外运至水泥厂进行水泥窑协同处置。水泥窑协同处置是指利用水泥回转窑内的高温、气体长时间停留、热容量大、热稳定性好、无废渣排放等特点，在生产水泥熟料的同时，焚烧固化处理的污染土壤。土壤中的有机物在高温下转化为无机化合物，土壤中的重金属通过高温烧结固定于水泥熟料中。结果显示，异位化学氧化+水泥窑协同处置是一种现实工程实施中可行的、高效的处置手段。

同其他许多技术一样，电动修复技术为污染物迁移提供动力，但只作用于土壤溶液中的污染物；而土壤中许多污染物并不溶于水，这也制约着单一电动修复的效果。因此，电动修复技术常与其他技术结合互补，以提高污染物去除效率。电动-可渗透反应墙联合修复技术是近年来新兴的一种绿色土壤修复技术，该技术兼具两种修复技术的优点，能够同时对无机物和有机物污染土壤进行原位修复，且受外界因素影响较小，更重要的是该技术对渗透性较差的污染土壤也有极强的修复能力（闫鹏飞 等，2018）。该技术将具有还原性的可渗透反应墙设置在电场中，污染土壤中的重金属离子、大分子有机胶团等在电动力的驱动下向两端电极处移动，在移动的过程中，污染物被可渗透反应墙降解，实现移除污染物的同时有效降低其毒性。电动-淋洗技术是在电动修复装置的两极电解槽内加入淋洗剂，利用电渗流在土壤中的流动作用，将淋洗剂带入土壤中以提高污染物解吸效率，使污染物保持在易迁移的形态，在电动力的作用下迁移出土体。侯隽（2018）研究了电动-淋洗修复技术对重金属-有机物复合污染土壤的处理效果及污染物去除机制。结果表明：相对于单一电动修复技术，添加淋洗剂可有效洗脱土壤中的污染物；添加不同种类的淋洗剂均可使重金属、有机物得到一定的去除；实验结束后，重金属在大部分土壤区域的含量低于初始值，有机物芘在靠近阳极区的土壤中积累；电动-淋洗修复重金属-有机物复合污染土壤过程中，重金属受电迁移作用主导在阴极区积累，有机物受电渗流的作用在阳极区的去除率相对较低。

1.2.4 化学-生物联合修复

重金属-有机物复合污染是当今土壤污染中最普遍的一种，利用传统的化学修复法或现阶段的各种生物修复法（如超积累植物富集修复、微生物降解修复等），都难以对重金属-有机物复合污染土壤进行彻底治理修复，因为单一的修复法都有其技术上的缺陷。化学修复虽然速度快、应用面积广，但成本高，在实际应用中难以调控，化学修复因子容易受土壤中 pH 及原有无机物、有机物的影响，且容易形成毒性更大的副产物，造成二次污染，并降低土壤有机质的水平。微生物修复相对经济且不会使土壤产生二次污染，但容易对土壤结构产生不良影响，导致土壤机体的损伤，即使利用堆肥法，在处理过程中也会产生气态污染物对大气环境造成污染。植物修复尽管具有极大的潜在益处，但它的修复周期相对较长，具有较大的局限性，必须有其他技术与之相配合。化学-生物联合修复法主要是把传统的化学修复法与现代各种生物修复技术进行参数优化、改造，然后通过优势互补和技术综合对复合污染土壤进行修复。其主要的修复机理是通过化学氧化、土壤催化氧化、化学聚合、化学还原、化学脱氯与生物修复中植物的富集吸收、微生物的分解与固定综合利用去除污染土壤中的重金属和有毒有机物，与单一的修复法相比，化学-生物联合修复有机物污染的效率也更高。化学-生物联合修复主要包括原位化学氧化-微生物降解联合修复和原位化学还原-超积累植物富集联合修复（邓佑 等，2010）。

原位化学氧化-微生物降解联合修复土壤主要是通过化学氧化（常用的氧化剂有活化过硫酸盐、芬顿试剂、$KMnO_4$、O_3 等）、化学聚合和微生物（细菌、真菌、酵母、藻类等）的氧化-还原作用、脱羧作用、脱氨作用、脱水作用、水解作用等降解过程的联合，对重金属-有机物复合污染土壤进行修复,特别适用于以有毒有机物污染为主的复合污染土壤。对这类污染土壤的修复先要进行实地勘查和预备试验，确定污染物的类型及具体成分；然后控制好土壤的温度、湿度、pH，以提高土壤中微生物的活性。因为大部分的有机物可以通过光分解、热分解、化学分解、生物降解被去除，而生物降解是最彻底的一步，所以可以先采取微生物降解修复，特别是根际圈生物降解修复，加入表面活性剂或螯合剂，通过微生物的氨化、硝化、固氮及纤维素分解作用等生化过程去除污染土壤中可降解的农药、石油和其他有机污染物；而对污染土壤中的重金属（会引起微生物生物量的下降，且微生物一般不能直接把它降解）和一些微生物难以降解的物质[如油类、有机溶剂、多环芳烃（如萘）、五氯苯酚、一些农药及非水溶态氯化物（如三氯乙烯）等污染物]，可以采用原位氧化修复，通过添加一些化学氧化剂与污染物产生氧化反应，使污染物氧化分解成低价位或者更高价位的无害物质。罗俊鹏（2019）研究发现采用化学氧化-微生物联合修复技术能够有效提高污染土壤中菲的去除效率，过硫酸盐预氧化后加入高效降解菌 Acidovorax sp. JG5 和各类营养物质,最终降解效率可提高8.08%～18.59%。Nam 等（2000）利用 O_3 原位化学修复联合生物修复法，使用浓度为 6 mg/L 的 O_3 处理含苯并芘的土样，24 h 后再用生物法处理，苯并芘的降解率为 3%，而直接用生物处理的降解率不到 1%；若将 O_3 浓度和通气时间都增加 1 倍，则降解率可达到 16%。

原位化学还原-超积累植物富集联合修复主要是通过化学还原、还原脱氯（常用的还原剂有 SO_2、Fe^0 胶体、气态 H_2S、有机碳等）与超积累植物的提取、挥发、稳定、降解、根际圈生物降解等作用联合，对重金属-有机物复合污染土壤进行修复，特别适用于以重金属占主导地位的酸性复合污染土壤，如废弃的工厂、工业区遗留地、重金属矿区等主要以重金属污染为主，同时还含有部分有毒有机物的土壤。对此先要进行现场测定，确定重金属的种类，以及它们与土壤中有机物形成的其他复杂成分。修复时根据场地的土壤性质及污染物中不同的重金属种类,栽种不同的超积累植物对重金属进行吸收富集。

由于土壤受到重金属-有机物共同作用的复合污染，虽然植物对土壤中的有毒有机污染物也有一定程度的吸收、挥发和降解作用，但相比于化学修复，其速度和广度都难以达到修复要求。因此应该用原位还原修复与之相结合，利用化学还原剂将重金属和有毒有机物还原为难溶态，从而使污染物在土壤环境中的迁移性和生物可利用性降低，进一步降低它们的浓度。原位还原修复所形成的二次污染物可以通过植物的根际圈生物和土壤中本身的微生物来降解修复，最终生成 CO_2、H_2O、脂肪酸及若干无毒代谢物，消除二次污染。

与单一的修复法相比，化学-生物联合修复效率更高，应用范围更广，但是也存在不足。

（1）在原位化学氧化-微生物降解联合修复时，添加的氧化剂及进行的氧化反应生成的中间产物可能会抑制微生物酶的活性，不利于微生物的降解。

（2）微生物修复过程中厌氧修复动力学过程及中间产物的毒性可能会影响化学修复中的氧化还原反应，反之，氧化还原反应也可能会影响微生物在缺氧与厌氧条件下降解有机物的电子受体及碳源。

（3）在原位化学还原-超积累植物富集联合修复时，所添加的还原剂可能会对修复植物产生伤害，抑制植物本身的修复功能，反应所需要的最适 pH、温度、湿度也可能与植物能正常生长的条件不太一致。

（4）土壤的渗透性、匀质性及地下水位可能不太适合化学药剂的添加及相关的化学反应、植物的正常生长和微生物的共代谢等。

针对上述问题，在利用化学-生物联合技术修复重金属-有机物复合污染土壤时，首先应该进行地理勘查、实验室内的平衡试验及小规模的现场应用试验等，确定土壤中污染物浓度及种类、地下水位、土壤渗透性、土壤匀质性、pH、碱度、拟选修复植物的生理特性、相关条件下微生物的代谢情况及酶的活性等，尽可能地兼顾化学修复与生物修复满足有关条件的要求，从而有效地、经济地、安全地对复合污染土壤进行治理修复（邓佑等，2010）。

1.2.5　植物-微生物联合修复

植物修复和微生物修复各自具备独有的特点和优势，将两种修复技术联合使用进行重金属-有机物复合污染土壤的修复治理往往能够优势互补，显著提高修复效率。植物-微生物联合修复技术可以大大提高土壤修复过程的安全性，降低修复成本。利用植物-微生物及植物的根际环境降解污染物，是植物修复的纵向研究技术。它具有经济实用、原位无破坏、无二次污染、能大面积应用等独特优点，越来越受到人们的关注，是最具潜力的土壤修复技术之一。植物作用于污染物的过程主要有吸收、降解、转化及挥发等，目前已发现了超过 500 种的超积累植物，主要集中在对 Cu、Pb、Zn 等重金属的治理上。微生物修复的机理包括细胞代谢、表面生物大分子吸收转运、生物吸附（利用活细胞、无生命的生物量、多肽或生物多聚体作为生物吸附剂）、空泡吞饮、沉淀和氧化还原反应等。土壤微生物是土壤中的活性胶体，它们比表面大、带电荷、代谢活动旺盛。在受污染的土壤中，往往富集了多种具有高耐受性的真菌和细菌，这些微生物可通过多种作用方式影响土壤污染物的毒性。

高宪雯（2013）以山东省东营市孤岛油区典型的重金属-石油复合污染土壤为研究对象，利用高效石油降解菌及植物联合作用对重金属-石油复合污染土壤进行生物修复，结果显示：添加石油降解微生物修复 60 天后，土壤的石油烃降解率明显高于不添加微生物处理的土壤，在 Cd 污染土壤中添加微生物后，石油的降解率从 17.86%提高到 44.27%，在 Ni 污染土壤中添加微生物后，石油的降解率从 16.08%提高到 44.03%，明显提高了土壤中石油烃的降解效果；同时添加石油降解微生物明显增强了土壤中微生物的活性，其微生物生物量和土壤脱氢酶活性均有显著增加；添加微生物处理的土壤中微生物活性高于不添加微生物处理的土壤，在第 15 天时，添加微生物组比不添加微生物组的土壤脱氢酶活性高出 25.98%，微生物生物量高出 43.76%；利用微生物-植物联合修复污染土壤时，适量添加改良剂可以促进土壤中石油污染物的生物降解。Xiao 等（2013）利用超积累植物（东南景天）与多菌灵降解菌（枯草芽孢杆菌、副球菌、黄杆菌和假单胞菌）联合修复 Cd 和多菌灵复合污染土壤，结果显示：接种多菌灵降解菌可显著提高低浓度 Cd 的去除率；东南景天与多菌灵降解菌的联合作用对多菌灵的去除率提高了 32.1%～42.5%；土壤微生物生物量、脱氢酶活性和微生物多样性分别增加了 46.2%～121.3%、64.2%～143.4%和 2.4%～24.7%。Chen 等（2016）对 PAHs 和重金属（Cd、Zn）复合污染的真实污水灌溉土壤进行修复治理，在复合污染土壤中种植黑麦草，并定期接种引入微杆菌 KL5 和热带假丝酵母 C10，KL5 和 C10，能够提高土壤酶活性，促进植物生长，结果表明 96.4%的 PAHs 被去除，36.1%的 Cd 和 12.7%的 Zn 被植物提取去除。Zheng 等（2020）使用巴氏葡萄球菌（*Staphylococcus pasteuri*）搭配白菜型冬油菜（*Brassica rapa*）构成了人工植物-微生物联合修复组合，设施农田的实际修复实验表明，此联合修复技术对 PAHs-DDTs 复合污染呈现出良好的修复效果，同时也可显著提高土壤生物量和关键酶活性。

植物与微生物的联合修复，特别是植物根系与根际微生物的联合作用，已经在实验室和小规模的修复中取得了良好的效果。根际是受植物根系影响的根-土界面的一个微区，一方面，植物根部的表皮细胞脱落、酶和营养物质的释放，为微生物提供了更好的生长环境，增加了微生物的活动和生物量；另一方面，根际微生物群落能够增强植物对营养物质的吸收，提高植物对病原的抵抗能力，合成生长因子及降解腐败物质等，这些对维持土壤肥力和植物的生长都是必不可少的。可见生物修复是一种环境友好、成本效益高的技术，对重金属和有机物复合污染有较好的处理能力，具有很好的发展前景。

1.3 有机功能材料在土壤修复中的应用

1.3.1 环糊精及其衍生物

环糊精（cyclodextrin，CD）是由环糊精葡萄糖基转移酶作用于淀粉产生的一类以 α-1,4 糖苷键结合的环状低聚糖，具有非还原性、无毒性，且不易被酸水解的特点（李海丰 等，2007）。常见的环糊精有α-环糊精（α-CD）、β-环糊精（β-CD）、γ-环糊精（γ-CD），它们分别是由 6 个、7 个和 8 个葡萄糖单体结合而成的锥筒状分子，其中 β-环糊精最易制得，应用也最广泛。环糊精具有特殊的分子空腔结构，腔内侧由 H 原子及α-1,4糖苷键键合的 O 原子构成，处于碳氢键的屏蔽中是疏水的；外腔则由于羟基的聚集而呈亲水性，其"内疏水，外亲水"及低极性的空腔使其可以诱导、选择结合和催化某些有机反应，作为受体借助分子间的作用（如范德瓦耳斯力、疏水相互作用和氢键等），可与各种具有疏水性基团的"客体"化合物形成特殊的主客体包合物（王银 等，2013）。由于β-环糊精本身溶解度较小，对它的某些基团进行修饰可以增强其使用效果，得到水溶性更大、应用更广的环糊精衍生物，例如甲基-β-环糊精（methyl-β-cyclodextrin，MCD）、羧甲基-β-环糊精（carboxymethyl-β-cyclodextrin，CMCD）和羟丙基-β-环糊精（hydroxypropyl-β-cyclodextrin，HPCD）等。由于环糊精及其衍生物本身的分子特性及功能，其被广泛应用于污染土壤的修复中，如促进土壤中疏水性有机物及重金属的去除。

1. 环糊精及其衍生物在有机物污染土壤修复中的应用

环糊精及其衍生物具有增溶及解吸出吸附在土壤中有机污染物的作用。土壤中不少有机污染物具有低极性，难溶于水，易于被土壤吸附而不能被微生物直接降解。当有环糊精或其衍生物的水溶液存在时，它们可以与污染物形成主客体包合物，解吸出吸附在土壤中的有机物，提高有机物在水中的表观溶解度，从而促进微生物的生物降解作用（李海丰 等，2007）。弱极性有毒有机污染物（如 PAHs 等）对土壤和含水层的污染是环境修复领域中的一个重要研究课题。这类污染物在土壤和沉积物中有强烈的吸附，且弱极性有机污染物在水中的溶解度低，通过自然稀释或传统的泵出处理方法需要的时间较长，且效率很低，因此修复弱极性有机物污染的土壤和含水层的新方法是当前许多研究工作的焦点。环糊精的疏水空腔能与许多有机物结合形成主客体包合物，这一结构特点是其获得广泛应用的基础。

Brusseau 等（1994）研究了羟丙基-β-环糊精（HPCD）对弱极性有机污染物在土壤中传输的促进作用，比较了有无 HPCD 存在时三氯乙烯、萘、联苯、2-氯联苯、三氯苯、蒽、芘和 2,4,4'-三氯联苯在有机质质量分数分别为 0.29%和 12.6%的两种土壤中的传输行为，结果表明 HPCD 水溶液对弱极性有机污染物在土壤中的传输有显著的促进作用，而且促进作用随着水溶液中 HPCD 浓度的增加而增强。Hanna 等（2005）研究了环糊精对土壤中五氯酚的去除作用，在一定浓度范围内，土壤中五氯酚的去除率随环糊精浓度的升高而升高；当环糊精浓度为 5 mmol/L 时，土壤中五氯酚的去除率达 70%。Viglianti 等（2006）研究了β-环糊精、HPCD 和 MCD 对土壤中 PAHs 去除效率的影响，结果表明环糊精对 PAHs 的增溶作用明显，三种环糊精的加入均可提高土壤中 PAHs 的去除率，HPCD 和 MCD 的作用效果优于β-环糊精。土壤中许多农药污染物与土壤具有强吸附性。刘嫦娥等（2004）研究表明农药有机分子的尺寸与环糊精及其衍生物的内腔体积越接近，增溶效果越明显，且增溶能力随农药正辛醇-水分配系数的增加而增大，即环糊精及其衍生物空腔与农药分子间的疏水作用是产生增溶的基础；实验结果表明，MCD 增加了农药在水中的溶解度，在 25℃下，甲基对硫磷和克百威在 60 g/L 的 MCD 溶液中的溶解度比在纯水中分别提高了 63.97 倍和 9.23 倍。

但是 β-CD 在水中的溶解度很低，室温条件下仅为 18.5 g/L，因此研究人员尝试用不同的方法对 β-CD 进行改性以增强其水溶性，拓宽其应用范围。黄磊等（2011，2010）

制备了一种水溶性极好的甘氨酸-β-环糊精（glycine-β-cyclodextrin，GCD），并研究了这种改性 β-CD 对菲和蒽的增溶及对菲、蒽污染土壤的解吸行为。结果表明：GCD 对菲和蒽的增溶效果增强显著，GCD 初始质量浓度为 30 g/L 时，对菲的增溶倍数可以达到近30 倍，GCD 初始质量浓度为 50 g/L 时，对蒽的增溶倍数可以达到 20 多倍；GCD 对菲和蒽的解吸随 pH 的升高而降低，升高 GCD 初始浓度和温度有利于菲和蒽的解吸。

2. 环糊精及其衍生物在重金属污染土壤修复中的应用

土壤对重金属离子的吸附分为专性吸附和非专性吸附两种：专性吸附主要是金属离子与土壤表面的有机质中的官能团发生络合作用形成内圈化合物；非专性吸附主要是金属离子通过交换吸附、静电吸附及专性吸附等方式吸附在土壤中（黄磊 等，2014）。当环境条件发生改变时，非专性吸附的离子容易解吸，而专性吸附的离子只有在被吸附亲和力更强的离子或有机络合剂存在时才能被解吸出来。Cu、Pb、Ni、Cd 等具有比较强的络合能力，其络合点位主要为羧基、羟基及氨基等，形成内圈化合物后呈现出迁移性差、难被微生物降解等特点，给修复过程带来了不少困难。环糊精除了可以通过空腔的包合作用去除有机污染物，也可以通过具有的羟基官能团与金属离子发生螯合作用形成配合物，而且经改性后的环糊精衍生物具有能与金属离子作用的官能团，可大大提高其对重金属的处理能力（王银 等，2013）。例如对 β-环糊精进行改性形成含有大量 C—O—C 醚键的聚合物，醚键中的 O 原子具有孤对电子，易与 Pb^{2+}、Cu^{2+}、Cd^{2+}、Zn^{2+} 形成配位键，增大 Pb^{2+}、Cu^{2+}、Cd^{2+}、Zn^{2+} 在土壤溶液中的解吸率（黄磊 等，2014）。

罗姣等（2011）为改善 β-环糊精的水溶性及其对重金属的配位能力，合成了水溶性极好并能跟重金属形成配位作用的甘氨酸-β-环糊精（GCD），并研究了 GCD 对 Pb 的增溶和解吸行为。结果表明：GCD 对碳酸铅的增溶效果显著，当其浓度为 30 g/L 时，水溶液中 Pb^{2+} 浓度可接近 7 000 mg/L；且 GCD 对 Pb 的解吸能力随土壤中有机质含量的增加而降低，pH 的升高、离子强度的增加和 GCD 初始浓度的增加均有利于 Pb 的解吸。Maturi 等（2006）通过电动修复的方法研究不同浓度的羟丙基-β-环糊精（HPCD）水溶液去除土壤中的 Ni^{2+}，结果表明高的电渗流和 HPCD 浓度，以及降低 pH，可以提高 Ni 的去除效果。王银（2014）利用 β-环糊精（β-CD）和 L-半胱氨酸在碱性条件下与环氧氯丙烷进行反应，得到水溶性极好的巯基化-β-环糊精（mercapto-β-cyclodextrin，MCD），结果表明 MCD 对难溶盐碳酸铅的增溶效果显著，当 MCD 浓度为 20 g/L 时，水溶液中 Pb^{2+} 的平衡浓度约为 1 938 mg/L。

3. 环糊精及其衍生物在重金属-有机物复合污染土壤修复中的应用

土壤污染往往不是以单一形式存在，常以有机物和重金属等多种污染物构成的复合污染为主，对复合污染土壤的治理则需对环糊精分子进行改性，通过添加一些活性基团提高其与土壤中重金属离子的络合能力，通过包合有机污染物的同时将土壤中的重金属离子一同去除（黄磊 等，2014）。Wang 等（1995）研究发现羧甲基-β-环糊精可同时提高有机物（蒽、三氯苯、联苯、滴滴涕）及其与 Cd^{2+} 的配合物的表观水溶性，且该配合物不受 pH 变化或高 Ca^{2+} 浓度的影响。王银（2014）研究表明巯基化-β-环糊精（MCD）对菲和铅的增溶效果显著，且对菲的包结作用和与铅的配位作用发生在 MCD 分子结构的不同部位，互不干扰且可同时进行；MCD 对复合污染土壤中菲、铅的解吸符合准二级动力学方程，MCD 对菲和铅的解吸率随 MCD 初始浓度的增大而增大。徐兰（2016）以 β-环糊精（β-cyclodextrin，β-CD）和天冬氨酸为原材料，在碱性条件下通过环氧氯丙烷合成了天冬氨酸-β-环糊精（aspartate-β-cyclodextrin，ACD），探究了 ACD 对重金属和有机污染物毒性及酶和微生物活性的影响。研究表明：在镉和芴污染土壤中施加 ACD 可以有效降低镉和芴复合污染土壤的毒性，浓度为 2% 的 ACD 对解除或减轻污染物酶活性和微生物种群数量增长抑制作用有较好的效果。

同时，也有研究人员通过其他物化手段来提高环糊精的处理效果，如添加化学试剂（表面活性剂、EDTA 等）或采用电动力辅助手段等。张亚楠等（2016）利用生物表面活性剂鼠李糖脂（RL）与羟丙基-β-环糊精（HPCD）复合来提取污染土壤中的 PAHs，研究表明：当 RL 浓度大于临界胶束浓度时，由于其胶束增溶作用，PAHs 的表观溶解度随 RL 浓度增加而增加，促使更多的 PAHs 从土壤固相解吸进入土壤溶液中；RL 的添加在一定程度上增加了 HPCD 对污染土壤中 PAHs 的生物有效性，HPCD/RL 复合提取法可以作为一种相对快捷可靠的提取土壤 PAHs 方法。Ehsan 等（2007）将环糊精与 EDTA 联合作用去除土壤中的多氯联苯（polychlorinated biphenyl，PCB）和多种重金属离子，结果表明环糊精与 EDTA 混合水溶液能够在移除土壤中 PCB 的同时促进镉、铬、铜、锰、镍、铅和锌等重金属离子的去除。樊广萍等（2010）研究了添加 HPCD 对电动修复芘-铜复合污染土壤的影响，结果发现阳极添加 10% HPCD、阴极 pH 为 3.5 的条件有助于土壤中污染物的解吸和迁移，芘和铜的去除率分别可达 51.3% 和 80.5%。Maturi 等（2006）用不同浓度的 HPCD 水溶液通过电动修复的方法同时去除土壤中的镍和菲，发现高的电渗流、HPCD 浓度（10%）及降低 pH，可以同时提高菲和镍的去除效果。

环糊精作为一种无毒无害材料，因其"内疏水，外亲水"的特性及具有的活性仲羟基基团，已在土壤、水污染和空气治理等多领域广泛应用。目前关于环糊精及其衍生物的研究主要集中在对有毒有机污染物（如多环芳烃、有机农药）的增溶、工业废水的治理等。作为一种环境友好型材料，环糊精在环境污染物治理中前景广阔。

1.3.2 表面活性剂

表面活性剂是指天然或人工合成的由亲水头和疏水尾组成的两亲分子，能使溶液体系的界面状态发生明显变化的物质。表面活性剂具有亲水亲油、一定浓度下会形成胶束的特性，有降低表面张力和增溶等多种作用，吸附于土壤的同时能改变土壤性质，进而影响污染物的迁移转化（李亚娇 等，2018）。在低浓度下，表面活性剂分子以单体的形式分散在溶液中，由于表面活性剂的两亲性，单体在气/水界面和油/水界面上有序排列，起到降低表面张力和界面张力的中介作用；分散的表面活性剂单体在界面处基本饱和，随着浓度的增加，疏水基团相互吸引，开始聚集形成胶束（王永剑 等，2021）。表面活性剂形成胶束时的浓度称为临界胶束浓度（critical micelle concentration，CMC）；在达到 CMC 前，溶液的气/水表面张力和油/水界面张力均持续下降，并在达到 CMC 后趋于稳定在最低水平；当表面活性剂溶液达到 CMC 时，表面活性剂分子缔合成胶束，许多物理化学性质发生变化，从而表现出增溶、去污、乳化等多种功能（刘千钧 等，2017）。

表面活性剂可分为阴离子表面活性剂、阳离子表面活性剂、两性表面活性剂、非离子表面活性剂、双子表面活性剂和生物表面活性剂等，不同的表面活性剂的理化性质不同，在土壤污染修复中的效果也有所不同。研究表明：阳离子表面活性剂在土壤中易被大量吸附而引起二次污染，阴离子表面活性剂和非离子表面活性剂的应用更广泛；非离子表面活性剂对多氯联苯等有机污染物的去除效果要优于阴离子表面活性剂，而对重金属污染的修复效果要劣于其他类型的表面活性剂；两性表面活性剂的亲水性基团既有阳离子也有阴离子，整体上呈电中性，亲水性保持在非离子表面活性剂和阴离子表面活性剂之间，具有良好的环境相容性，对温度和盐度不敏感，但对 pH 敏感，在酸性条件下为阳离子，在碱性条件下为阴离子；双子表面活性剂因其高表面活性、低 CMC 值和低表面张力而受到关注，其单体是由两个表面活性剂单体的亲水性末端通过间隔基连接而形成的，性能受连接基团的刚性、柔性、疏水性和长度影响（王永剑 等，2021）。有研究表明杂双子表面活性剂十二烷基二甲基溴化铵/十四烷基二甲基溴化铵在土壤中对 PAHs 的去除率最高，为 38.7%，高于非离子表面活性剂脱水山梨醇单月桂酸酯（Span20）和阳离子表面活性剂十六烷基三甲基溴化铵；但由于其生产成本高，应用受到限制。生物表面活性剂是一些微生物代谢过程中产生的具有表面活性的次级产物，具有耐酸、耐盐、可生物降解、抗菌性、低毒性、高稳定性和无污染等优点，根据化学结构可分为高分子聚合物、糖脂系、酰基缩氨酸系、磷脂系和脂肪酸系表面活性剂等，其在土壤有机污染和重金属污染修复方面取得了一定的研究进展。目前常见的表面活性剂有曲拉通100（Triton X-100）、吐温 80（Tween 80）、十二烷基苯磺酸钠（linear alkyl benzene sulphonate，LAS）、十二烷基硫酸钠（SDS）、鼠李糖脂和皂素等。表面活性剂具有适用范围广、见效快、处理容量大、效果显著等优点，被广泛应用于污染土壤的修复过程中。

1. 表面活性剂在有机物污染土壤修复中的应用

多种有机污染物能够强烈地吸附在土壤上，对土壤环境和人体健康都存在巨大的潜在威胁，而吸附行为在很大程度上决定了有机污染物的生物有效性、毒性和持久性，并能够影响有机物在土壤-水体系中的迁移转化和降解等。有研究表明，表面活性剂在土壤-水体系中主要以吸附在土壤上形成吸附相、溶解单体和胶束相三种形式存在。其中溶液中的表面活性剂胶束对有机物具有增溶作用，因此溶解于水中的表面活性剂可以提高有机物在水中的溶解度，减少有机物在土壤上的吸附量，增加土壤中憎水性有机污染物的流动性，有利于土壤中有机污染物的去除。而吸附在土壤上的表面活性剂可以提高土壤的有机碳含量并改变土壤性质，促进有机物在土壤上的吸附（刘千钧 等，2017）。

表面活性剂通常用作淋洗剂，通过对疏水性有机污染物的增溶和吸附作用，促使污染物解吸、溶解并随之迁移出土壤。陈静等（2006）研究了表面活性剂的性质、浓度与PAHs 的性质、赋存状态对土壤中 PAHs 解吸的影响，结果表明：表面活性剂能够促进土壤中 PAHs 的解吸，其对 PAHs 的增溶作用效果依次为 Tween＞Triton X-100＞LAS＞SDS。Li 等（2015）研究了表面活性剂对绿泥石、高岭石、胶岭石和伊利石 4 种土壤黏土矿物中石油污染的去除效果，结果表明：阴离子表面活性剂和非离子表面活性剂对黏性土壤能够取得好的处理效果，阴离子表面活性剂 Dodec-MNS 和非离子表面活性剂 NPS-10 对胶岭石中石油的去除效果较好，非离子表面活性剂 Tween20 和 Triton X-100 对伊利石中石油去除效果较好。王学浩（2013）发现无患子皂苷对污染土壤中菲的去除率可达85%～89%。Lai等（2009）研究发现，鼠李糖脂对总石油烃的去除效率显著高于Tween 80和Triton X-100。

非离子表面活性剂或者多种混合型表面活性剂对有机污染物的增溶洗脱作用尤其明显，由于非离子表面活性剂具有较小的CMC、较强的增溶和乳化能力，它对土壤中PCBs洗脱的促进作用要强于其他类型的表面活性剂。另外不同类型的表面活性剂混合使用也能产生协同增溶作用，促使土壤中PCBs释放到水中，便于进一步处理，在持久性有机污染土壤修复领域具有良好的发展前景。李莎莎等（2016）发现，SDS∶Triton X-100和SDS∶Tween 80的质量比均为6∶4时，土壤中苯并[a]蒽的去除率超过95%，比单一表面活性剂对苯并[a]蒽的去除率高出10%以上。

此外，表面活性剂还被用于电动修复、超声波修复和生物修复技术的辅助手段，以强化修复效果。计敏惠等（2016）研究了电动修复过程中修复时间和添加表面活性剂（Triton X-100、鼠李糖脂）对芘污染土壤修复效果的影响，结果表明：在电动修复过程中，随着修复时间的增加，芘的去除率相应提高；通过向电解液中添加表面活性剂Triton X-100，芘的去除率从11.64%提高到23.42%，当在电解液中添加浓度为CMC 40倍的鼠李糖脂后，芘的去除率升高至36.29%，在阳极附近土壤中去除率甚至达到了92.49%，表明Triton X-100和鼠李糖脂均能促进土壤中芘的溶解和迁移，且鼠李糖脂的促进作用高于Triton X-100。祝红等（2016）采用超声波联合十二烷基苯磺酸钠（LAS）和烷基聚葡糖苷（APG_{1214}）修复柴油污染土壤，结果表明：当表面活性剂浓度为4 g/L、液固比为20∶1、超声波功率为500 W时，在25 ℃下超声15 min，非离子表面活性剂APG_{1214}去除柴油效果优于LAS，对不同污染程度土壤中柴油的去除率分别达到78.8%、88.1%及90.5%。李登宇（2016）选取SDS、SDBS、Tween 80、Triton X-100及鼠李糖脂（RL）作为供试表面活性剂，研究了单一及混合表面活性剂对土壤中p, p'-DDT的洗脱能力及其对小麦发芽和降解菌生长的影响，结果表明：单一表面活性剂对p, p'-DDT的洗脱效果依次为SDS>SDBS>RL>Tween 80>Triton X-100；阴离子-非离子表面活性剂混合体系中，当SDS/Tween 80的浓度比为4∶1、添加量为10 000 mg/L时，p, p'-DDT的洗脱效果最佳，可达到42%；SDBS- Tween 80混合体系对两种降解菌对DDT降解效果都有明显的强化作用，SDBS- Tween 80添加量为70 mg/kg和200 mg/kg时，两种降解菌对DDT的去除率最高，分别为56.4%和63.5%，是未加表面活性剂的1.22倍和1.56倍；鼠李糖脂质量分数为70 mg/kg时能够强化DDT降解菌对DDT的降解，去除率为62.1%，促进作用显著。

2. 表面活性剂在重金属污染土壤修复中的应用

表面活性剂在重金属污染土壤修复中最主要是作为淋洗剂，由于表面活性剂胶束的带电性，表面活性剂能吸附到土壤上进而与重金属离子结合，从而将重金属从土壤中分离出来，增加重金属的生物有效性，促进污染土壤中重金属的洗脱（王伟 等，2005）。陈锋等（2012）研究表明，表面活性剂应用到淋洗修复中将会更有效地去除土壤中的重金属污染物，在洗脱试验中，当SDBS浓度为1 g/L时，其对Cr和Cd的去除率可达81.2%

和 33.2%。蒋煜峰等（2006）研究发现添加表面活性剂十二烷基硫酸钠（SDS）可使 EDTA 对 Cd 的解吸量增加 18.01%～79.68%，对 Pb 的解吸量增加 32.40%～89.65%；在高浓度 EDTA 条件下，加入十二烷基硫酸钠（SDS）可对污染土壤中 Cd、Pb 的解吸产生协同增溶作用，其中 SDS 对 Cd 的解吸量增加了 18.01%，对 Pb 的解吸量增加了 32.09%。曲蛟等（2012）研究表明，表面活性剂对重金属的去除率随其浓度的增加而呈递增趋势，其中 LAS 对 Zn 的去除效果较好，最佳去除率为 83.36%；Tween 80 对 Cd 和 Pb 的去除效果要优于 LAS，去除率分别为 83.07% 和 42.57%。

在重金属污染土壤修复中，由于部分低分子量生物表面活性剂（如糖脂和脂肽）的效果明显，所以生物表面活性剂修复重金属污染土壤的应用越来越广泛。胡造时等（2016）使用无患子皂苷淋洗铬污染土壤，结果表明 21 g/L 的无患子皂苷溶液的去除效果最好，铬的去除率达到 32.05%。生物表面活性剂虽然能增强植物的修复效果，但过量施加可能会抑制植物生长。吕华（2016）通过盆栽实验发现，生物表面活性剂显著增强了土壤中镉和铅的解吸，低浓度表面活性剂能促进芥菜生长，而高浓度表面活性剂对芥菜生长有抑制作用。Mulligan 等（2006）研究了鼠李糖脂淋洗修复土壤中的重金属，结果表明鼠李糖脂对 Cd、Ni、Zn 的最大去除率分别为 73.2%、68.1%、37.1%。

3. 表面活性剂在重金属-有机物复合污染土壤修复中的应用

由于实际的土壤污染大多以复合污染的形式存在，其中以重金属-有机物复合污染为主,研究表面活性剂在重金属-有机物复合污染土壤修复中的作用机制及处理方法尤为重要。在重金属-有机物复合污染情况下，施用表面活性剂可提高土壤中重金属和有机物的生物有效性，有利于污染物的进一步处理（刘千钧 等，2017）。Yang 等（2011）研究表明对于 Cd-PAHs 复合污染土壤，添加一定比例的乙二胺四乙酸、半胱氨酸、Tween 80 和一定比例的乙二胺四乙酸、半胱氨酸、水杨酸均能促进植物对 Cd 的富集及植物对 PAHs 的降解。为了提高污染土壤的修复效率，目前关于表面活性剂的研究主要包括与其他化学试剂（如螯合剂）联合应用和作为植物修复的辅助剂等。如钟金魁等（2011）研究了 EDTA 和 SDS 对黄土中 Cu-菲复合污染修复的影响，结果表明先添加 SDS 后添加 EDTA 或 SDS 和 EDTA 同时添加对复合污染修复的效果优于先添加 EDTA 后添加 SDS。王凯（2012）研究了植物修复 Cd-苯并芘复合污染土壤的强化作用，在高 Cd 含量（4.71 mg/kg）土壤中，Tween 80-菌剂-东南景天的联合作用能够最高效地去除两种污染物。

表面活性剂的环境风险主要有生物可降解性和毒性两个方面，残留在环境中的表面活性剂可能会破坏土壤地下水环境。大部分化学表面活性剂是可生物降解的，但都具有毒性。与化学表面活性剂相比，生物表面活性剂不仅具有较低的表面张力和临界胶束浓度，而且具有低毒性和高生物降解性的优点，因此在未来环境修复领域具有更加广阔的应用前景。表面活性剂的联合修复也是目前研究的热点，因为多种表面活性剂混合能够降低它们在土壤上的吸附，降低临界胶束浓度，促进胶束的形成。目前，更多的环保表面活性剂、特种表面活性剂和生物表面活性剂还在不断研发，应用于土壤修复中的表面活性剂也越来越多，寻找修复效果好、环境危害小、经济成本低的表面活性剂对环境修复领域具有重要的意义。

1.3.3　壳聚糖及其衍生物

壳聚糖（chitosan，CS）又称脱乙酰甲壳素，化学名称为聚葡萄糖胺(1-4)-2-氨基-β-D葡萄糖，其形态为略带珍珠光泽的，无味、无臭、无毒性白色或灰白色的粉状固体或透明片状固体，在干燥条件下能够长期保存。人们通常把脱乙酰度大于60%或者能溶于稀酸溶液的甲壳素都称为壳聚糖。甲壳素（chitin）于1811年由法国科学家Braconnent从蘑菇中分离出来，如今已经发展成仅次于纤维素的自然界第二大天然生物多糖高分子材料，年生物合成量可达100亿吨（王爱勤，2008）。壳聚糖是一种具有生物黏附性、生物降解兼容性能好、无毒可再生的聚合物，是甲壳素最重要的天然和衍生产物，可通过昆虫的甲壳、虾蟹等海洋节肢动物的甲壳、菌类和藻类细胞膜、软体动物的壳和骨骼及高等植物的细胞壁等获得，因此它具有来源范围广、易获得的特点。天然多糖甲壳素经脱乙酰基作用制备壳聚糖是主要的方法，不同的制备条件或实验因素将影响壳聚糖的脱乙酰度和分子量（李天奇，2019）。

壳聚糖是一种良好的阳离子型吸附剂，其分子结构中存在大量羟基和游离氨基，酸性介质中氨基质子化使壳聚糖带有正电荷。壳聚糖不溶于水也不溶于碱，但却溶于稀硝酸、稀盐酸等无机酸和大多数有机酸。将这些酸溶液与壳聚糖进行混合，壳聚糖的主链会因黏度降低分子量下降而水解为单糖。因此在制备壳聚糖溶液时，通过加入乙酸和即时配制溶液可促进壳聚糖溶解并防止壳聚糖水解。壳聚糖为具有复杂的双螺旋结构的高分子碱性多糖聚合物，分子链上含有大量的羟基和氨基，其中氨基可与金属离子形成离子键进行配位，因此壳聚糖对重金属离子具有良好的吸附性能。壳聚糖还可通过离子交换或螯合作用吸附重金属离子，因此其在重金属污染治理中被广泛应用。

1. 原位钝化修复

壳聚糖对土壤理化性质状态有较大影响，研究表明，随着壳聚糖施用量的增加，土壤的团粒结构也随之增加。壳聚糖具有良好的生物黏附性，可以将分散的土壤颗粒胶结在一起形成团聚体。此外，壳聚糖分子链上具有大量的氨基基团，能够发生质子化，使壳聚糖带上正电荷，碱性土壤中壳聚糖与带负电的土壤胶体通过离子键和氢键联结在一起，形成壳聚糖-土壤胶体团粒结构。壳聚糖-土壤胶体团粒结构表面分布着许多羟基、氨基、酰胺基，能够吸附土壤中的重金属离子形成更加稳定的重金属-壳聚糖-土壤胶体团粒结构，一定程度上降低了土壤中重金属离子的生物有效性，起到重金属原位钝化作用（余劲聪 等，2017）。近些年来，对壳聚糖钝化土壤重金属修复污染土壤的相关研究正在逐步展开。Yan 等（2015）使用壳聚糖钝化处理 Hg 和 Cr 重金属复合污染的土壤，研究发现，在处理 7 天之后，土壤中有效态重金属含量就开始明显降低而后趋于稳定。重金属钝化修复效果与壳聚糖的脱乙酰度、分子量、污染土壤的 pH 及施用量等有关，壳聚糖的脱乙酰度越高，分子链上的游离氨基就越多，越容易螯合重金属离子。

为了提高壳聚糖对重金属的修复效果，壳聚糖常与一些本身具有较好吸附性能的常用钝化剂（如黏土、硅酸盐等）经过物理或化学作用形成有机-无机复合材料后使用。李增新等（2009）利用壳聚糖改性膨润土修复 Cd 污染土壤，研究表明壳聚糖-膨润土颗粒在酸性溶液的吸附过程中没有发生溶解，且当 pH 为 6~8 时，溶液中 Cd^{2+} 饱和吸附量达 32.1 mg/g，静态吸附率可达 99%，适用于土壤 Cd 污染治理。曾祥程（2012）研究了壳聚糖和沸石组合对土壤中重金属的钝化效果，利用稳定性同位素对 Pb 和 Cd 进行示踪标记，结果发现可交换态 Cd 的钝化率可达 59%，对蔬菜可食部分吸收 Cd 的抑制率达到 56%。Zhou 等（2013）利用生物炭负载壳聚糖制备土壤重金属钝化剂，结果表明与壳聚糖相比，生物炭负载壳聚糖复合材料可显著提高溶液中 Pb^{2+}、Cu^{2+}、Cd^{2+} 的去除率，同时还可解决土壤中引入具有较高碳氮比的生物炭易造成植物缺氮的问题，提高植物对 Pb 的耐受性，植物对 Pb 的吸收量降低了 60%。

2. 土壤淋洗修复

壳聚糖还可以应用于淋洗土壤中的重金属，但由于壳聚糖只能在酸性条件下溶解，酸性较强的土壤淋洗剂一方面会造成土壤酸化，另一方面会造成环境污染。因此，壳聚糖作为土壤淋洗剂则需解决溶解性问题，目前关于这一问题的处理方法主要包括：①通过降解壳聚糖得到水溶性的低分子量壳聚糖类物质；②对壳聚糖进行羟基化、羧基化等反应生成一系列水溶性壳聚糖衍生物（余劲聪 等，2017）。

林琦等（2003）研究了一种利用微波辐射氧化-超声波联合降解壳聚糖的方法，利用该方法可得到分子量低于 2 000 的水溶性大的壳寡糖，并以此作为重金属污染土壤的淋洗剂，Cu 的去除率达 71%，Zn 的去除率达 63%。武娜娜（2014）在微波条件下用水作为反应溶剂，通过丙烯酸与壳聚糖反应制备出了水溶性丙烯酸改性壳聚糖（chitosan-acrylic acid，CTS-AA），同时分别用稀硝酸、壳聚糖、EDTA 溶液、聚丙烯酸溶液、CTS-AA、羧甲基壳聚糖溶液淋洗重金属复合污染土壤。结果表明：CTS-AA 对重金属离子去除率最高，而且易生物降解，不会产生二次污染，对 Pb、Cr、Cu 的去除率达到 93%、80%、65%；其次为羧甲基壳聚糖，对 Pb、Cr、Cu 的去除率达到 75.8%、79.4%、61.9%。Mao 等（2014）研究表明羧甲基壳聚糖对土壤中的 Pb、Cd、Cr、Ni 等均有较好的淋洗效果，其与羧甲基-β-环糊精复配制成的土壤淋洗剂，经 5 次淋洗，可使土壤中 Pb、Cd、Cr、Ni 的去除率分别达到 85.8%、93.4%、83.2%和 97.3%。Ye 等（2014）利用羧甲基-β-环糊精和羧甲基壳聚糖的混合溶液对含有多环芳烃、重金属（Pb、Cd、Cr、Ni）和 F 的复合污染土壤进行连续 3 次淋洗，实验结果显示多环芳烃、Pb、Cd、Cr、Ni、F 的去除率分别达到 94.3%、93.2%、85.8%、93.4%、83.2%、97.3%。

表面活性剂可降低界面张力，胶束与重金属结合使重金属进入淋洗液，从而提高土壤中重金属的流动性，因此水溶性壳聚糖衍生物和水溶性低聚壳聚糖常常通过醚化反应、烷化反应进行疏水改性，以制备氨基糖类表面活性剂作为土壤淋洗法的提取剂（余劲聪 等，2017）。与传统提取剂（如盐酸、草酸、EDTA 等）相比，氨基糖类表面活性剂同样具有增溶、乳化、润湿等性能，而且具有无毒高效、环境相容性好等优点，可进一步扩展壳聚糖在土壤重金属污染修复中的应用。

3. 强化植物提取修复

壳聚糖在强化植物提取修复重金属污染土壤中应用最多，通过提高土壤中有效态重金属含量和促进植物生长两方面来强化植物提取修复（章绍康 等，2015）。以壳聚糖作为螯合剂可以克服传统螯合剂（如 EDTA）不易生物降解的缺点，且不会对植物造成危害。

在酸性土壤中，壳聚糖能够溶解，起到活化重金属的作用。螯合剂施入土壤后会螯合重金属，形成水溶性螯合剂-重金属络合物，从而改变土壤中有效态重金属含量，强化植物对重金属的吸收。李增新等（2008）研究表明，在控制提取液 pH 为 3 左右的条件下，壳聚糖螯合剂能提高土壤中吸附态 Pb 的解吸效率，用浓度为 0.4 g/L 的壳聚糖作为提取液，提取平衡 10 h 后，对 0.4 mg/g Pb^{2+} 的土壤中 Pb^{2+} 的提取率达到 32.4%。但刘良栋等（2006）研究表明壳聚糖虽可用于辅助玉米修复 Pb 污染土壤，且施入壳聚糖溶液后玉米叶片和根提取的 Pb 显著增加，但玉米的生长停滞，原因在于壳聚糖只能溶于酸溶液，酸性环境阻碍了盆栽植物的正常生长。

低聚壳聚糖及水溶性壳聚糖衍生物因具备水溶性，可避免使用酸溶液提高壳聚糖溶解度，同时能够螯合重金属，促进土壤中重金属离子的释放，增加土壤溶液中有效态重金属的浓度，有利于植物根部吸收重金属。艾林芳（2012）在碱性环境下使壳聚糖与氯乙酸发生羧甲基化反应合成了水溶性的羧甲基壳聚糖，然后使用羧甲基壳聚糖处理种植在 Pb 污染土壤中的油菜，研究发现油菜根部的 Pb 含量比对照组高，最高的提高了 5 倍。

壳聚糖具有改良土壤的作用，稳定良好的土壤结构有利于植物生长。壳聚糖能够促进土壤形成团粒结构，还能增强土壤的保水性能，壳聚糖分子链上有大量的羟基，与黏粒形成的氢键具有相当程度的稳定性，黏粒表面为疏水羟链覆盖，所形成的团粒即使为自由水浸润也不致解体，呈现了团粒经水不散的水稳性，能够提高水分入渗速率，提高土壤蓄持水能力（姜海燕，2011）。壳聚糖施入土壤，可使土壤容重下降，增加土壤孔隙度，土壤物理结构的改善有利于土壤中的水、气、热交换，促进土壤微生物快速繁殖，影响微生物群落结构的作用，从而提高土壤肥力（余劲聪 等，2017）。胡祥等（2006）的研究表明，壳聚糖溶液能够提高土壤耕层的透水性，土壤渗透系数提高了近 2 倍，土壤（粒径>0.25 mm）水稳定性团粒含量最大增加 8.1%。艾林芳（2012）发现添加羧甲基壳聚糖会促进油菜对 Pb 的吸收，且植株的生长状况与对照基本一致，一定程度上提高了植株对 Pb 的耐受能力。Wang 等（2007）通过田间试验发现壳聚糖与微生物菌剂具有协同作用，不但不会影响植物的生长，而且增加了植物对 Zn、Pb、Cd 的吸收。

壳聚糖可以作为植物生长调节剂，促进植物生长，从而提高重金属修复效率；同时可应用于农业领域，作为土壤改良剂，具有防治土传病害、促进植物生长和诱导植物抗逆的作用。此外，壳聚糖在医药领域也具有广泛的应用，由于具有良好的生物相容性和生物可降解性，可以作为良好的药物缓释载体，控制药物在人体内的释放速率，帮助人体器官更好地吸收药物。壳聚糖易降解，不会带来像 EDTA 等合成螯合剂的二次污染问题，在强化植物提取修复重金属污染中具有广阔的应用前景。

1.3.4　生物炭及其复合材料

生物炭是生物质原料在完全或部分缺氧条件下经热裂解产生的一类富碳、高度芳香化且稳定性较高的固体产物（Lehmann et al.，2011），其中生物质原料来源广泛，包括农作物秸秆、森林残留物、木屑、活性污泥、动物粪便和有机固体废物等。生物炭具有丰富的孔隙结构、较大的比表面积、一定的持水性和丰富的官能团等特征，广泛应用于土壤修复、污水处理、制备能源和功能材料等方面（李亚娇 等，2018）。生物炭所含官能团主要包括羧基、酚羟基、羰基、醇基和内酯基等，这些官能团对土壤的 pH 与阳离子交换量的调节具有重要作用。生物炭的元素组成主要包括 C、H、O 及少量灰分（N、P、K、Ca、Mg），生物炭的元素组成最终由炭化温度决定，碳含量与炭化温度的高低呈正相关，氢、氧官能团含量与炭化温度呈负相关（吕鹏 等，2021）。生物质原料、制备方法、热解温度和时间会严重影响生物炭的物理和化学性质。生物炭的制备方法包括热解法、气化法和水热炭化法等，目前常用的生物炭制备方法为热解法，即限氧升温炭化法。热解可以描述为在无氧或限氧条件下，生物质被加热升温引起分子分裂产生生物炭、生物油（可凝性挥发分能被快速冷却成可流动的液体）和气态产物的过程。热解根据升温速率和固相停留时间的不同可分为快速热解、常规热解和慢速热解，其他热解类型有加氢热解、超热解、高脱灰率热解、甲醇热解和微波热解等。不同的热解类型由于操作条件（加热温度、加热速率和停留时间）的不同，制成的产物也有所不同。如 Shaheen 等（2019）发现当生物质热解温度为 400～700 ℃、加热速率为 0.1～1 ℃/s 时，有助于生物炭的生成，而不是产生焦油和气态产物。

现阶段，生物炭在修复重金属污染土壤和有机污染土壤方面都取得了一定进展。生物炭的多孔性、弱碱性和巨大的比表面积，不仅能吸附污染物，还有利于激活土壤中微生物的活性，促进其对污染物的吸收降解。在土壤中加入生物炭后：由于 Zeta 电位的降低和 CEC 的增大，土壤表面负电荷增加，通过静电相互作用可去除重金属；生物炭还能与重金属离子发生键合，形成沉淀物，使重金属失去生物有效性；此外，生物炭能够作为特殊微生物的载体，激活微生物活性，促进其对有机污染物的代谢，并且可以吸附固定和有效去除有机污染物（李亚娇 等，2018）。虽然生物炭与活性炭十分相似，但生物炭具有生产条件简单、生产成本低的优势，在环境修复领域具有更好的应用前景。

目前，研究生物炭的改性技术成为热点，生物炭改性的目的主要是增加比表面积、改变灰分率、提升官能团丰度，进而提高生物炭对污染物的吸附能力及其在环境修复应用中的可操作性。对生物炭的改性方法可分为物理法、化学法和生物法，常见的方法主要包括球磨法、酸碱活化法、有机改性法、金属负载法、紫外辐射法和生物改性法等，改性后生物炭对污染物具有更好的去除效果（张倩茹 等，2021）。表 1.4 总结了不同改性方法的原理和优缺点。

表 1.4　常见生物炭的改性方法及其优缺点

	改性方法	原理	优点	缺点
物理法	球磨法	利用小球的运动产生动能来破坏化学键、改变颗粒形状，并产生纳米级颗粒，使生物炭的理化性质得到增强	增加生物炭比表面积和孔容积，使生物炭具有更低的 Zeta 电位、更丰富的含氧官能团和更强的污染物吸附能力	球磨罐的材质可能会对材料产生干扰
化学法	酸碱活化法	强酸、强碱处理以改变生物炭的比表面积和孔体积等性质	提升生物炭吸附速率，部分可通过酸性溶液清洗来恢复吸附性能	容易产生酸、碱废液，产生二次污染
	有机改性法	利用特定有机改性剂与生物炭的相互作用来提高其吸附作用	简单环保、比表面积大、增加生物炭孔隙结构	制备成本高，且部分有机物毒性强、挥发性强，易造成二次污染
	金属负载法	用金属或金属氧化物与生物炭负载，将二者的优势结合	兼具金属和生物炭的优势，如具备磁性、催化性等	容易产生金属离子污染；有些金属价格昂贵成本较高
	紫外辐射法	紫外辐射使生物炭表面发生化学反应，产生化学反应官能团	操作效率高，增加官能团，不产生二次污染	耗能较大，不利于大规模推广应用
生物法	生物改性法	将某些具有特定功能的微生物与生物炭结合，进而改变其孔隙结构等	节能环保，可对污染物进行彻底降解	修复周期较长，材料对微生物的毒性需要研究

注：引自张倩茹等（2021）

1. 有机污染土壤的修复

土壤中有机污染物主要来源于农药残留物、抗生素、医疗废物、石油化工行业的废渣废水等，这些有机污染物存在于土壤中，其中的有毒有害成分（如多环芳烃、多氯联苯、滴滴涕、氨基甲酸酯类、抗生素洛克沙肿等）使土壤受到有机污染，对生物的生长造成一定的影响。而土壤中污染物的生物有效性及迁移转化可直接或间接影响土壤性质及动植物的生长，进而对人类健康造成危害，因此对有机污染土壤进行修复与治理已成为当前的迫切任务。研究表明，生物炭及改性生物炭能够有效去除土壤中有机污染物，其对土壤中有机污染物的修复原理主要包括静电吸附、表面络合和还原。将其应用于土壤有机污染修复时，应针对污染物的性质来选择合适的生物炭。朱文英等（2014）将小麦秸秆生物炭用于修复石油烃污染土壤，14 天和 28 天时石油烃降解率分别为 45.48% 和 46.88%，显著高于对照组。You 等（2020）利用添加生物炭的土壤培养韭黄，并观察韭黄中噻虫嗪的含量，结果发现韭黄对噻虫嗪及其代谢产物噻虫胺的吸收量减少，这说明生物炭对噻虫嗪这类新型烟碱类农药具有较高的吸附性，能够降低其土壤中的生物有效性。生物炭修复土壤时，可将具有挥发性或半挥发性的有机污染物固定在土壤中，减少其挥发量。例如，在土壤中加入生物炭会明显减少六氯苯的挥发量，且其挥发量随着生物炭含量的增加而减少（Song et al.，2012）。

改性生物炭在土壤修复中的优势主要体现在修复效果优异和利于回收两方面。Zhu 等（2020）通过共沉淀方法制备了具备磁性的针铁矿改性生物炭（goethite modified biochar, GMB），研究其对土壤中抗生素洛克沙肿等污染物的去除，研究发现 GMB-600-1 （600℃，1 h）表现出良好的理化特性，能使土壤中洛克沙肿的有效性降低 70.8%，是一种可回收的多功能土壤修复材料。同时生物炭及改性生物炭在土壤氯代有机物污染修复方面具有广泛的应用前景，氯代有机物作为一种重要的有机溶剂和产品中间体，在很多工业领域得到广泛使用，但其"三致"（致癌、致畸、致突变）的性质使其成为污染治理领域的热点。目前研究较多的主要是通过铁改性生物炭以提高改性生物炭对氯代有机物的降解能力，从而实现氯代有机物的无害化，常用的是零价铁改性生物炭（张倩茹 等，2021）。Devi 等（2014）通过 $NaBH_4$ 还原 Fe^{2+} 的方法制备了零价铁负载生物炭复合材料（zero-valent iron modified biochar composites, ZVI-MBC），研究了其对五氯苯酚脱氯有效性的影响。研究发现：水溶液中氯离子的浓度随反应时间的延长而增加，表明 ZVI-MBC 对五氯苯酚具有脱氯作用；该复合材料在促进五氯苯酚吸附的同时也进行了脱氯反应，从而降低了五氯苯酚的毒性。Liu 等（2019）在 650～800℃下热解合成生物质炭，将其经 $FeCl_3$ 溶液处理制备磁性 FeBCs 复合材料。结果表明：在不同的生物炭热解温度下，所有磁性 FeBCs 复合材料都能有效去除三氯乙烯；800℃下制备的 FeBC 的投加量为 2 g/L 时，可以完全去除 0.07 mmol/L 的三氯乙烯，且其对三氯乙烯的去除速率比 800℃下制备的 BC 更快，表明铁在磁性生物炭去除三氯乙烯中起到重要作用。

2. 重金属污染土壤的修复

重金属污染不仅会改变土壤理化性质、影响农作物生长，更令人担忧的是食用受污染土壤上种植的农作物会危害人体健康。土壤中常见的重金属污染物包括 Cd、Pb、As、Cu、Cr 和 Zn 等。生物炭及改性生物炭对重金属的去除机理主要包括离子交换、共沉淀、表面络合和静电吸附等。适量施用生物炭可以提升土壤 pH，减少重金属交换态含量和持水量，减轻重金属对土壤生物的毒害作用，并增强 Ca、Mg 等植物必需元素的可利用性及植物对营养元素的摄取，促进植物生长（李亚娇 等，2018）。与其他有机肥相比，施用生物炭是降低土壤中生物可利用 Pb、Cd 的有效途径，并且能够提高农作物产量。高瑞丽等（2016）将水稻秸秆生物炭施加入 Cd、Pb 复合污染土壤中培养，研究发现土壤中 Pb 活性显著降低。朱庆祥（2011）研究了松木生物炭对 Pb、Cd 污染土壤的影响，生物炭的施用提升了土壤 pH，使重金属的酸可提取态、Fe-Mn 氧化结合态和有机结合态含量降低，同时残渣态含量升高，进而降低了重金属的生物有效性。

与原始生物炭相比，改性生物炭能够针对性地提高对某种重金属的固定效果。硫铁改性生物炭可以增加土壤中的有机质含量，降低 Cd 的生物有效性，同时还提高了土壤中微生物的丰富度和均匀度。高译丹等（2014）研究了生物炭和石灰对 Cd、Zn 污染土壤的修复效果，结果表明土壤中可交换态 Cd 的含量出现了不同程度的降低，降低幅度为生物炭-石灰＞石灰＞生物炭，从而导致 Cd 生物有效性的降低。Lin 等（2019）成功制备出铁锰改性生物炭复合物，并将其应用到砷污染土壤修复中。结果发现，改性生物炭能够显著提高土壤氧化还原电位，降低 As 的生物有效性，促进原本呈现非特异性吸收和特异性结合的 As 转化为残留无定形的水合氧化物和结晶水合氧化物形式，更有利于土壤微生物生长。Zhang 等（2020）以磷酸钾（K_3PO_4）为原料，对木材、竹子、玉米秸秆、稻壳等生物质原料进行热解，制备了新型磷改性生物炭，并研究了其对土壤重金属固定性能及机理。结果表明，磷改性的稻壳和玉米秸秆生物炭对 Cd(II) 和 Cu(II) 的固化效率分别比另外两种改性生物炭高 14%～24% 和 19%～33%；而无论采用何种原料，添加磷都能提高 As(V) 的提取率和迁移率。El-Naggar 等（2019）用甘蔗渣生物炭负载 Ni/Co 双金属氧化物（MB@BC），发现 MB@BC 表面成功负载了 $NiO-Co_2O_3$ 晶体，双金属晶体通过离子交换作用增强了生物炭吸附 U 的能力。Lei 等（2020）将动物源生物炭交联植物灰分组成碱性生物炭复合材料（alkaline biochar composites，A-BC），A-BC 的羧基含量增加，施入土壤后，土壤有机质含量增加，pH 升高；经 A-BC 吸附固定后，土壤的 Cd 可交换态降低了 12%，残渣态提升了 15%，这是因为 A-BC 提高了土壤的 Si 含量，Si 能够降低 Cd 在土壤中的迁移性。

目前，在土壤重金属污染修复的问题上，研究者更倾向于多种重金属共同研究，利用生物炭及改性生物炭对重金属污染土壤进行一体化修复具有重要的现实意义。然而，生物炭具有高度稳定性，在土壤中可以长期存在，其施用将是一个不可逆的过程，还会影响植物对农药等有机物的吸收，对作物生长产生负面效果。此外，改性后的生物炭在土壤中的矿化行为尚未见系统的研究，其在土壤中的迁移行为对土壤微生物的长期效应也亟须深入研究。对生物炭的安全使用仍需要开展进一步研究，确保人类健康和环境效益。

参 考 文 献

艾林芳, 2012. 水溶性羧甲基壳聚糖在重金属污染土壤修复中的应用研究. 南昌: 东华理工大学.

曹斌, 2021. 水泥窑协同处置、异位化学氧化及抽出-处理技术联合应用: 修复某重金属及有机物复合污染场地工程案例. 广东化工, 48(7): 124-129.

曹心德, 魏晓欣, 代革联, 等, 2011. 土壤重金属复合污染及其化学钝化修复技术研究进展. 环境工程学报, 5(7): 1441-1453.

陈灿, 谢伟强, 李小明, 等, 2015. 水泥、粉煤灰及生石灰固化/稳定处理铅锌废渣. 环境化学, 34(8): 1553-1560.

陈锋, 傅敏, 2012. 表面活性剂修复重金属污染土壤的研究. 四川环境, 31(4): 61-64.

陈怀满, 郑春荣, 2002. 复合污染与交互作用研究: 农业环境保护中研究的热点与难点. 农业环境保护, 21(2): 192.

陈静, 胡俊栋, 王学军, 等, 2006. 表面活性剂对土壤中多环芳烃解吸行为的影响. 环境科学, 27(2): 361-365.

陈玉成, 董姗燕, 熊治廷, 2004. 表面活性剂与 EDTA 对雪菜吸收镉的影响. 植物营养与肥料学报, 10(6): 6512-6561.

戴竹青, 彭文文, 王明新, 等, 2020. 盐酸羟胺强化柠檬酸淋洗修复重金属污染土壤. 生态与农村环境学报, 36(9): 1218-1225.

邓佑, 阳小成, 尹华军, 2010. 化学-生物联合技术对重金属-有机物复合污染土壤的修复研究. 安徽农业科学, 38(4): 1940-1942.

樊广萍, 仓龙, 徐慧, 等, 2010. 重金属-有机复合污染土壤的电动强化修复研究. 农业环境科学学报, 29(6): 1098-1104.

高瑞丽, 朱俊, 汤帆, 等, 2016. 水稻秸秆生物炭对镉、铅复合污染土壤中重金属形态转化的短期影响. 环境科学学报, 36(1): 251-256.

高宪雯, 2013. 微生物-植物在石油-重金属复合污染土壤修复中的作用研究. 济南: 山东师范大学.

高译丹, 梁成华, 裴中健, 等, 2014. 施用生物炭和石灰对土壤镉形态转化的影响. 水土保持学报, 28(2): 258-261.

何勇田, 熊先哲, 1994. 复合污染研究进展. 环境科学, 15(6): 79-83, 96.

侯隽, 2018. 电动-淋洗联用技术修复重金属-有机物复合污染土壤. 上海: 上海第二工业大学.

胡祥, 王瑞霞, 奥岩松, 2006. 壳聚糖对土壤理化性状的影响. 土壤通报, 37(1): 68-72.

胡永丰, 郦和生, 秦会敏, 2019. 重金属污染土壤淋洗优化技术进展. 化工环保, 39(5): 506-509.

胡造时, 莫创荣, 覃利梅, 等, 2016. 无患子皂苷对土壤重金属 Cr 的淋洗修复. 广西大学学报(自然科学版), 41(5): 1683-1688.

黄磊, 吴峻楠, 2014. 环糊精在污染土壤修复中的研究进展. 广东化工, 41(11): 115-116.

黄磊, 王光辉, 于荣, 等, 2010. 甘氨酸-β-环糊精对菲的增溶、解吸行为研究. 环境污染与防治, 32(3): 23-27, 33.

黄磊, 王光辉, 于荣, 等, 2011. 甘氨酸-β-环糊精对蒽的增溶、解吸行为研究. 土壤, 43(2): 258-263.

黄录峰, 2013. 土壤有机污染的表面活性剂修复技术. 绿色科技(5): 163-167.

计敏惠, 邹华, 杜玮, 等, 2016. 表面活性剂增效电动技术修复多环芳烃污染土壤. 环境工程学报, 10(7): 3871-3876.

姜海燕, 2011. 土壤改良剂在农业生产中的应用. 现代化农业(6): 17-19.

蒋煜峰, 展惠英, 袁建梅, 等, 2006. 表面活性剂强化 EDTA 络合洗脱污灌土壤中重金属的试验研究. 农业环境科学学报, 25(1): 119-123.

李丹丹, 郝秀珍, 周东美, 2013. 柠檬酸土柱淋洗法去除污染土壤中 Cr 的研究. 农业环境科学学报, 32(10): 1999-2004.

李登宇, 2016. 表面活性剂强化微生物修复 DDT 污染土壤研究. 沈阳: 沈阳大学.

李非里, 邵鲁泽, 吴兴飞, 等, 2021. 植物修复重金属强化技术和间套种研究进展. 浙江工业大学学报, 49(3): 345-354.

李海波, 曹梦华, 吴丁山, 等, 2017. 硫化亚铁稳定化修复重金属污染湖泊底泥的效率及机理. 环境工程学报, 11(5): 3258-3263.

李海丰, 王光辉, 于荣, 等, 2007. 环糊精在环境治理中的应用研究进展. 环境污染与防治(11): 844-847, 853.

李鸿炫, 胡金星, 林伟, 等, 2017. 重金属-有毒有机物复合污染土壤的过硫酸盐氧化修复模拟研究. 环境科学学报, 37(9): 3553-3560.

李莎莎, 孙玉焕, 胡学锋, 等, 2016. 表面活性剂对土壤中石油类污染物的洗脱效果研究. 土壤, 48(3): 516-522.

李天奇, 2019. 壳聚糖基复合材料制备及其对 U(VI)的吸附性能. 南昌: 东华理工大学.

李欣, 2003. 重金属污染土壤修复技术的研究. 长沙: 湖南大学.

李晓宝, 董焕焕, 任丽霞, 等, 2019. 螯合剂修复重金属污染土壤联合技术研究进展. 环境科学研究,

32(12): 1993-2000.

李亚娇, 温猛, 李家科, 等, 2018. 土壤污染修复技术研究进展. 环境监测管理与技术, 30(5): 8-14.

李增新, 梁强, 孟韵, 等, 2008. 壳聚糖对污染土壤中吸附态 Pb(II)的解吸作用. 生态环境, 17(3): 1049-1052.

李增新, 王彤, 黄海兰, 等, 2009. 壳聚糖改性膨润土修复土壤镉污染的研究. 土壤通报, 40(1): 176-178.

林琦, 陈英旭, 石伟勇, 等, 2003. 治理土壤污染的化学调控剂及其制备方法: 中国, CN200310108910. 3. 2004-11-10.

刘嫦娥, 曾清如, 段昌群, 等, 2004. 甲基化-β-环糊精的制备及其对甲基对硫酸和克百威的增溶作用. 云南环境科学, 23(1): 6-9, 14.

刘刚, 2015. 重金属复合污染场地电动力修复实验研究. 北京: 北京化工大学.

刘良栋, 张伟安, 舒俊林, 等, 2006. 壳聚糖辅助下玉米修复铅污染土壤能力的研究. 生态毒理学报, 1(3): 271-277.

刘千钧, 陈迪, 邓玉, 等, 2017. 污染土壤修复中表面活性剂的应用研究进展. 土壤通报, 48(1): 243-249.

刘勇, 刘燕, 朱光旭, 等, 2019. 石灰对 Cu、Cd、Pb、Zn 复合污染土壤中重金属化学形态的影响. 环境工程, 37(2): 158-164.

鲁雪梅, 周艳欣, 2017. 螯合剂在土壤重金属污染修复中的应用研究. 低碳世界(22): 35-36.

罗姣, 王光辉, 于荣, 2011. 甘氨酸-β-环糊精对土壤中铅的增溶、解吸行为研究. 农业环境科学学报, 30(4): 684-689.

罗俊鹏, 2019. 多环芳烃降解菌的筛选、降解特性及其与化学氧化联合应用研究. 南昌: 南昌大学.

吕华, 2016. 生物表面活性剂对芥菜重金属镉和铅的修复效果. 江苏农业科学, 2(11): 430-434.

吕鹏, 王光辉, 胡德玉, 2021. 生物炭在铀污染土壤修复中的应用研究进展. 炭素技术, 40(1): 1-8.

缪德仁, 2010. 重金属复合污染土壤原位化学稳定化试验研究. 北京: 中国地质大学(北京).

莫良玉, 范稚莲, 陈海凤, 2013. 不同铵盐去除农田土壤重金属研究. 西南农业学报, 26(6): 2407-2411.

潘香玉, 2020. 施用石灰对稻田土壤 pH、水稻产量和重金属积累的影响. 农业工程技术, 40(35): 15-18.

秦顺超, 2019. 某废弃铅锌冶炼场地铅镉污染土壤固化/稳定化修复实验研究. 北京: 中国地质大学(北京).

曲蛟, 罗春秋, 丛俏, 等, 2012. 表面活性剂对土壤中重金属清洗及有效态的影响. 环境化学, 31(5): 620-624.

任海彦, 胡健, 胡毅飞, 2019. 重金属污染土壤植物修复研究现状与展望. 江苏农业科学, 47(1): 5-11.

宋玉芳, 许华夏, 任丽萍, 等, 2002. 土壤重金属对白菜种子发芽与根伸长抑制的生态毒性效应. 环境科学, 23(1): 103-107.

宋玉婷, 雷泞菲, 李淑丽, 2018. 植物修复重金属污染土地的研究进展. 国土资源科技管理, 35(5): 58-68.

孙涛, 陆扣萍, 王海龙, 2015. 不同淋洗剂和淋洗条件下重金属污染土壤淋洗修复研究进展. 浙江农林大学学报, 2(1): 140-149.

万玉山, 陈艳秋, 吕浩, 等, 2017. 植物对 Cd-B[α]P 复合污染土壤的修复. 环境工程学报, 11(6): 3866-3872.

王爱勤, 2008. 甲壳素化学. 北京: 科学出版社.

王恒, 2016. 土壤重金属复合污染研究进展. 科技创新导报, 13(28): 71-72.

王凯, 2012. 镉-多环芳烃复合污染土壤植物修复的强化作用及机理. 杭州: 浙江大学.

王莉玮, 陈玉成, 董姗燕, 2004. 表面活性剂与螯合剂对植物吸收 Cd 及 Cu 的影响. 西南农业大学学报

(自然科学版), 26(6): 7452-7491.

王萍, 2017. 不同钝化剂对重金属污染土壤长期稳定化效果研究. 咸阳: 西北农林科技大学.

王伟, 曾光明, 钟华, 等, 2005. 生物表面活性剂在土壤修复及堆肥中应用现状展望. 环境科学与技术, 28(6): 99-101.

王小雨, 2021. 重金属复合污染土壤原位钝化技术研究. 沈阳: 沈阳大学.

王效举, 2019. 植物修复技术在污染土壤修复中的应用. 西华大学学报(自然科学版), 38(1): 65-70.

王新, 梁仁禄, 周启星, 2001. Cd-Pb 复合污染在土壤-水稻系统中生态效应的研究. 农村生态环境, 17(2): 41-44.

王学浩, 2013. 无患子皂苷增强洗脱污染土壤中 PAHs 及表面活性剂淋洗液回收处理的研究. 杭州: 浙江大学.

王银, 2014. 巯基化-β-环糊精的制备及对铅-菲复合污染土壤修复的强化作用. 南昌: 东华理工大学.

王银, 陈晶, 高国振, 2013. 环糊精及其衍生物在污染土壤修复中的应用. 广东化工, 40(13): 97,91.

王永剑, 单广波, 徐佰青, 等, 2021. 表面活性剂在石油烃污染土壤修复中的应用研究进展. 当代化工, 50(6): 1425-1430.

吴启堂, 2011. 环境土壤学. 北京: 中国农业出版社.

吴燕玉, 王新, 马越强, 等, 1994. 土壤砷复合污染及其防治研究. 农业环境保护, 13(3): 109-114, 141, 145.

吴志能, 谢苗苗, 王莹莹, 2016. 我国复合污染土壤修复研究进展. 农业环境科学学报, 35(12): 2250-2259.

武娜娜, 2014. 壳聚糖改性吸附剂的制备及其在重金属污染的污水和土壤处理中的应用. 广州: 华南理工大学.

徐剑锋, 王雷, 熊瑛, 等, 2017. 土壤重金属污染强化植物修复技术研究进展. 环境工程技术学报, 7(3): 366-373.

徐兰, 2016. 天冬氨酸-β-CD 对重金属和有机污染物毒性及酶和微生物活性影响研究. 南昌: 东华理工大学.

薛建辉, 费颖新, 2006. 间作杉木对茶园土壤及茶树叶片重金属含量与分布的影响. 生态与农村环境学报, 22(4): 71-73, 87.

薛腊梅, 刘志超, 尹颖, 等, 2013. 微波强化淋洗修复重金属污染土壤研究. 农业环境科学学报, 32(8): 1552-1557.

闫鹏飞, 张栋, 姜艳朋, 2018. 电动修复和渗透性反应墙联合修复技术应用进展. 中国资源综合利用, 36(4): 78-79, 82.

杨长明, 周东美, 2005. 原位电动技术及其城市污染土壤修复中应用前景. 中国可持续发展论坛: 中国可持续发展研究会 2005 年学术年会论文集(下册): 309-313.

姚苹, 郭欣, 王亚婷, 等, 2018. 柠檬酸强化低浓度对成都平原农田土壤铅和镉的淋洗效率. 农业环境科学学报, 37(3): 448-455.

余劲聪, 侯昌萍, 何舒雅, 等, 2017. 壳聚糖修复重金属污染土壤的研究进展. 土壤通报, 48(1): 250-256.

曾祥程, 2012. 原位钝化对抑制土壤铅和镉生物有效性的稳定同位素标记研究. 厦门: 集美大学.

张华春, 原福庆, 孙健, 等, 2020. 植物修复技术在污染治理中的应用与发展. 环境保护与循环经济, 40(10): 24-28.

张杰西, 2014. 表面活性剂-螯合剂对多环芳烃/重金属复合污染土壤的柱淋洗研究. 兰州: 兰州交通大学.

张倩茹, 冀琳宇, 高程程, 等, 2021. 改性生物炭的制备及其在环境修复中的应用. 农业环境科学学报, 40(5): 913-925.

张亚楠, 杨兴伦, 卞永荣, 等, 2016. 鼠李糖脂与β-环糊精复合提取预测污染土壤中 PAHs 的生物有效性. 环境科学, 37(8): 3201-3207.

章梅, 张谷春, 黄欣怡, 等, 2019. 电动力修复重金属复合污染土壤关键因素研究进展. 能源环境保护, 33(5): 1-5, 22.

章梅, 周来, 张谷春, 等, 2020. 电动力修复铅镉复合污染土壤. 化工环保, 40(3): 284-289.

章绍康, 王光辉, 徐兰, 2015. 壳聚糖及其衍生物在环境污染治理中的应用. 化工环保, 35(2): 154-158.

赵娜, 崔岩山, 付彧, 等, 2011. 乙二胺四乙酸(EDTA)和乙二胺二琥珀酸(EDDS)对污染土壤 Cd、Pb 的浸提效果及其风险评估. 环境化学, 30(5): 958-963.

钟金魁, 赵保卫, 朱琨, 等, 2011. 化学强化洗脱修复铜、菲及其复合污染黄土. 环境科学, 32(10): 3106-3112.

周东美, 王慎强, 陈怀满, 2000. 土壤中有机污染物-重金属复合污染的交互作用. 土壤与环境, 9(2): 143-145.

周东美, 王玉军, 仓龙, 等, 2004. 土壤及土壤-植物系统中复合污染的研究进展. 环境污染治理技术与设备, 5(10): 1-8.

周建利, 邵乐, 朱凰榕, 等, 2014. 间套种及化学强化修复重金属污染酸性土壤: 长期田间试验. 土壤学报, 51(5): 1056-1065.

周建强, 苏海锋, 韩君, 等, 2017. 植物仿生与化学淋洗联合修复 Cd 污染土壤. 环境工程学报, 11(6): 3805-3812.

周启星, 高拯民, 1995. 土壤-水稻系统 Cd-Zn 的复合污染及其衡量指标的研究. 土壤学报, 32(4): 430 -436.

周启星, 宋玉芳, 2004. 污染土壤修复原理与方法. 北京: 科学出版社.

朱庆祥, 2011. 生物炭对 Pb、Cd 污染土壤的修复试验研究. 重庆: 重庆大学.

朱文英, 唐景春, 2014. 小麦秸秆生物炭对石油烃污染土壤的修复作用. 农业资源与环境学报, 31(3): 259-264.

祝红, 张焕祯, 毕璐莎, 等, 2016. 超声波-表面活性剂修复柴油污染土壤实验研究. 环境工程, 34(4): 181-185, 160.

BLISS C I, 1939. The toxicity of poisons of applied jointly. Annals of Applied Biology, 26(3): 585-615.

BONE B D, BARNARD L H, BOARDMAN D I, et al., 2004. Review of scientific literature on the use of stabilization/solidification for the treatment of contaminated soil, solid waste and sludges (SC980003/SR2). The Environment Agency, Bristol: 1-375.

BRUSSEAU M L, WANG X J, HU Q H, 1994. Enhanced transport of low-polarity organic compounds through soil by cyclodextrin. Environmental Science & Technology, 28(5): 952-956.

CAO Y, ZHANG S, WANG G, et al., 2017. Enhancing the soil heavy metals removal efficiency by adding HPMA and PBTCA along with plant washing agents. Journal of Hazardous Materials, 339: 33-42.

CHANG O H, JESSIE G, SUNG W Y, et al., 2009. Heavy metal contamination of arable soil and corn plant in the vicinity of a zinc smelting factory and stabilization by liming. Archives of Environmental Contamination and Toxicology, 56(2): 190-200.

CHEN F, TAN M, MA J, et al., 2016. Efficient remediation of PAH-metal co-contaminated soil using microbial-plant combination: A greenhouse study. Journal of Hazardous Materials, 302: 250-261.

CHILINGAR G V, LOO W W, KHILYUK L F, et al., 1997. Electrobioremediation of soils contaminated with hydrocarbons and metals: Progress report. Energy Sources, 19(2): 129-146.

DADKHAH A A, AKGERMAN A, 2002. Hot water extraction with in situ wet oxidation: PAHs removal from soil. Journal of Hazardous Materials, 93(3): 307-320.

DEVI P, SAROHA A K, 2014. Synthesis of the magnetic biochar composites for use as an adsorbent for the removal of pentachlorophenol from the effluent. Bioresource Technology, 169: 525-531.

DINGI Z Y, CHONGREN X U, WANG R J, 2001. Comparison of several important isoenzymes between Bt cotton and regular cotton. Acta Ecologica Sinica, 21: 332-336.

EHSAN S, PRASHER S O, MARSHALL W D, 2007. Simultaneous mobilization of heavy metals and polychlorinated biphenyl (PCB) compounds from soil with cyclodextrin and EDTA in admixture. Chemosphere, 68(1): 150-158.

EL NAGGAR A M A, ALI M M, MAKSOUD S A, et al., 2019. Waste generated bio-char supported co-nanoparticles of nickel and cobalt oxides for efficient adsorption of uranium and organic pollutants from industrial phosphoric acid. Journal of Radioanalytical and Nuclear Chemistry, 320(3): 741-755.

FLORES R, BLASS G, DOMINGUEZ V, 2007. Soil remediation by an advanced oxidative method assisted with ultrasonic energy. Journal of Hazardous Materials, 140(1-2): 399-402.

FONSECA B, PAZOS M, FIGUEIREDO H, et al., 2011. Desorption kinetics of phenanthrene and lead from historically contaminated soil. Chemical Engineering Journal, 167(1): 84-90.

GUO G, ZHOU Q, MA L Q, 2006. Availability and assessment of fixing additives for the in situ remediation of heavy metal contaminated soils: A review. Environmental Monitoring and Assessment, 116(1-3): 513-528.

HANNA K, CHIRON S, OTURAN M A, 2005. Coupling enhanced water solubilization with cyclodextrin to indirect electrochemical treatment for pentachlorophenol contaminated soil remediation. Water Research, 39(12): 2763-2773.

HICKS R E, TONDORF S, 1994. Electrorestotation of metal contaminated soils. Environmental Science & Technology, 28: 2203-2210.

HUA Y, GAN L, 2015. Usage of chitosan on the complexation of heavy metal contents and vertical distribution of Hg(II) and Cr(VI) in different textural artificially contaminated soils. Environmental Earth Sciences, 73(5): 2483-2488.

KAYSER A, WENGER K, KELLER A, et al., 2000. Enhancement of phytoextraction of Zn, Cd, and Cu from calcareous soil: The use of NTA and sulfur amendments. Environmental Science & Technology, 34(9): 1778-1783.

KUMPIENE J, LAGERKVIST A, MAURICE C, 2008. Stabilization of As, Cr, Cu, Pb and Zn in soil using amendments: A review. Waste Management, 28: 215-225.

LAI C C, HUANG Y C, WEI Y H, et al., 2009. Biosurfactant-enhanced removal of total petroleum hydrocarbons from contaminated soil. Journal of Hazardous Materials, 167(1-3): 609-614.

LEHMANN J, RILLIG M C, THIES J, et al., 2011. Biochar effects on soil biota: A review. Soil Biology and Biochemistry, 43(9): 1812-1836.

LEI S, SHI Y, XUE C, et al., 2020. Hybrid ash/biochar biocomposites as soil amendments for the alleviation of cadmium accumulation by *Oryza sativa* L. in a contaminated paddy field. Chemosphere, 239: 124805.

LI G, GUO S, HU J, 2015. The influence of clay minerals and surfactants on hydrocarbon removal during the washing of petroleum-contaminated soil. Chemical Engineering Journal, 286: 191-197.

LI H B, ZHANG X Y, LIU X Y, et al., 2016. Effect of rhizodeposition on alterations of soil structure and microbial community in pyrene-lead co-contaminated soils. Environmental Earth Sciences, 75(2): 169.

LIN L, LI Z Y, LIU X W, et al., 2019. Effects of Fe-Mn modified biochar composite treatment on the properties of As-polluted paddy soil. Environmental Pollution, 244: 600-607.

LIU Y Y, SOHI S P, LIU S Y, et al., 2019. Adsorption and reductive degradation of Cr(VI) and TCE by a simply synthesized zero valent iron magnetic biochar. Journal of Environmental Management, 235: 276-281.

MAITY J P, HUANG Y M, HSU C M, et al., 2013. Removal of Cu, Pb and Zn by foam fractionation and a soil washing process from contaminated industrial soils using soapberry-derived saponin: A comparative effectiveness assessment. Chemosphere, 92(10): 1286-1293.

MAO Y, SUN M, KENGARA F O, et al., 2014. Evaluation of soil washing process with carboxymethyl-β-cyclodextrin and carboxymethyl chitosan for recovery of PAHs/heavy metals/fluorine from metallurgic plant site. Journal of Environmental Science, 26(8): 1661-1672.

MATURI K, REDDY K R, 2006. Simultaneous removal of organic compounds and heavy metals from soils by electro kinetic remediation with a modified cyclodextrin. Chemosphere, 63(6): 1022-1031.

MCGOWEN S L, BASTA N T, 2001. Use of diammonium phosphate to reduce heavy metal solubility and transport in smelter-contaminated soil. Journal of Environmental Quality, 30: 493-500.

MULLIGAN C N, WANG S, 2006. Remediation of a heavy metal-contaminated soil by a rhamnolipid foam. Engineering Geology, 85(1-2): 75-81.

NAM K, KUKOR J J, 2000. Combined ozonation and biodegradation for remediation of mixtures of polycyclic aromatic hydrocarbons in soils. Biodegradation, 11: 1-9.

SHAHEEN S M, NIAZI N K, HASSAN N E E, et al., 2019. Wood-based biochar for the removal of potentially toxic elements in water and wastewater: A critical review. International Materials Reviews, 64(4): 216-247.

SONG Y, WANG F, BIAN Y R, et al., 2012. Bioavailability assessment of hexachlorobenzene in soil as affected by wheat straw biochar. Journal of Hazardous Materials, 217-218: 391-397.

TORRES L G, LOPEZ R B, BELTRAN M, 2012. Removal of As, Cd, Cu, Ni, Pb, and Zn from a highly contaminated industrial soil using surfactant enhanced soil washing. Physics and Chemistry of the Earth Parts A/B/C, 37-39: 30-36.

VIGLIANTI C, HANNA K, DEBRAUER C, et al., 2006. Use of cyclodextrins as an environmentally friendly extracting agent in organic aged contaminated soil remediation. Inclusion Phenomena and Macrocyclic Chemistry, 56(1-2): 275-280.

WANG F Y, LIN X G, YIN R, 2007. Role of microbial inoculation and chitosan in phytoextraction of Cu, Zn, Pb and Cd by *Elsholtzia splendens*: A field case. Environmental Pollution, 147(1): 248-255.

WANG X, BRUSSEAU M L, 1995. Simultaneous complexation of organic compounds and heavy metals by a modified cyclodextrin. Environmental Science & Technology, 29(10): 2632-2635.

XIAO W, WANG H, LI T, et al., 2013. Bioremediation of Cd and carbendazim co-contaminated soil by Cd-hyperaccumulator *Sedum alfredii* associated with carbendazim-degrading bacterial strains. Environmental Science and Pollution Research, 20(1): 380-389.

YAN H, LIN G, 2015. Usage of chitosan on the complexation of heavy metal contents and vertical distribution of Hg(II) and Cr(VI) in different textural artificially contaminated soils. Environmental Earth Science, 73: 2483-2488.

YANG C, ZHOU Q, WEI S, et al., 2011. Chemical-assisted phytoremediation of Cd-PAHs contaminated soils using *Solanum Nigrum* L. International Journal of Phytoremediation, 13(8): 818-833.

YE M, SUN M M, FREDRICK O K, et al., 2014. Evaluation of soil washing process with carboxymethyl-β-cyclodextrin and carboxymethyl chitosan for recovery of PAHs/heavy metals/fluorine from metallurgic plant site. Science Direct, 8: 141-161.

YOU X W, JIANG H T, ZHAO M, et al., 2020. Biochar reduced Chinese chive (*Allium tuberosum*) uptake and dissipation of thiamethoxam in an agricultural soil. Journal of Hazardous Materials, 390: 121749.

ZACCHEO P, CRIPPA L, PASTA V M, 2006. Ammonium nutrition as a strategy for cadmium mobilization in the rhizosphere of sunflower. Plant and Soil, 283: 43-56.

ZHANG H, SHAO J A, ZHANG S H, et al., 2020. Effect of phosphorus-modified biochars on immobilization of Cu(II), Cd(II), and As(V) in paddy soil. Journal of Hazardous Materials, 390: 121349.

ZHANG J, XU Y F, LI W T, et al., 2012. Enhanced remediation of Cr(VI) contaminated soil by incorporating a calcined-hydrotalcite-based permeable reactive barrier with electrokinetics. Journal of Hazardous Materials, 239-240: 128-134.

ZHENG X, ABORISDE M A, WANG H, et al., 2020. Effect of lignin and plant growth-promoting bacteria (*Staphylococcus pasteuri*) on microbe-plant co-remediation: A PAHs-DDTs co-contaminated agricultural greenhouse study. Chemosphere, 256: 127079.

ZHOU Y, GAO B, ZIMMERMAN A R, et al., 2013. Sorption of heavy metals on chitosan-modified biochars and its biological effects. Chemical Engineering Journal, 231(9): 512-518.

ZHU S H, ZHAO J J, ZHAO N, et al., 2020. Goethite modified biochar as a multifunctional amendment for cationic Cd(II), anionic As(III), roxarsone, and phosphorus in soil and water. Journal of Cleaner Production, 247: 119579.

第2章 环糊精衍生物在重金属-有机物复合污染土壤修复中的应用

土壤中重金属-有机物复合污染非常普遍（Liu et al., 2003; Lazzari, 2000），特别是重金属污染耕地常常存在农药、普通有机污染物的复合污染，土壤复合污染及修复研究已成为环境科学日益活跃的领域，引起各国政府和环境工作者广泛关注。因此，研究和开发针对重金属和有机污染物复合污染土壤的高效、安全修复技术已经成为环境修复领域亟须解决的重要问题。然而大多数这方面的相关技术一直只关注单一类型污染物（重金属或有机污染物）的修复。例如，一些螯合剂和表面活性剂能分别用于污染土壤中重金属和疏水性有机污染物的解吸去除（Qiu et al., 2010; Paria, 2008），而对复合污染土壤中重金属和疏水性有机污染物的同步去除研究报道甚少。

近些年来，环糊精（CD）由于能与各种极性和尺寸相当的客体分子形成主-客体包结物，已引起越来越多的关注，并已经成为一种能增强疏水性有机污染物溶解度的有效试剂（Ko et al., 1999; Wang et al., 1993）。然而，β-环糊精（β-CD）并不能通过与重金属离子发生配位作用而有效改变对重金属难溶盐的溶解度。因此，研究制备同时对重金属离子具有配位作用和对疏水性有机污染物具有包结作用的含氨基和羧基的改性β-环糊精衍生物，可同时实现对污染土壤中有机污染物和重金属的增溶作用，这是研究土壤重金属-有机物复合污染修复技术的基础。本章主要介绍基于甘氨酸和天冬氨酸改性β-环糊精衍生物对土壤重金属-有机物复合污染的增效修复作用及机制。

2.1 甘氨酸-β-环糊精在重金属-有机物复合污染土壤中的应用

2.1.1 合成及表征

1. 甘氨酸-β-环糊精的合成

称取 8.1 g β-环糊精（β-CD）溶解在 70 mL 含 6.7 g KOH 的溶液中，溶液在 50 ℃水浴锅中搅拌加热 1 h，然后加入 7.5 g 甘氨酸，同时将 10.2 g 环氧氯丙烷逐滴加入上述溶液中于 60 ℃反应 1 h，然后冷却至室温，用硫酸调节溶液 pH 至 5.5，加入 150 mL 无水乙醇，然后过滤，在水浴锅中蒸发和浓缩去除残余乙醇，再加 300 mL 甲醇静置过夜，然后过滤，真空干燥，得到白色固体甘氨酸-β-环糊精（GCD）（戴荣继 等，1998），合成反应途径如图 2.1 所示。

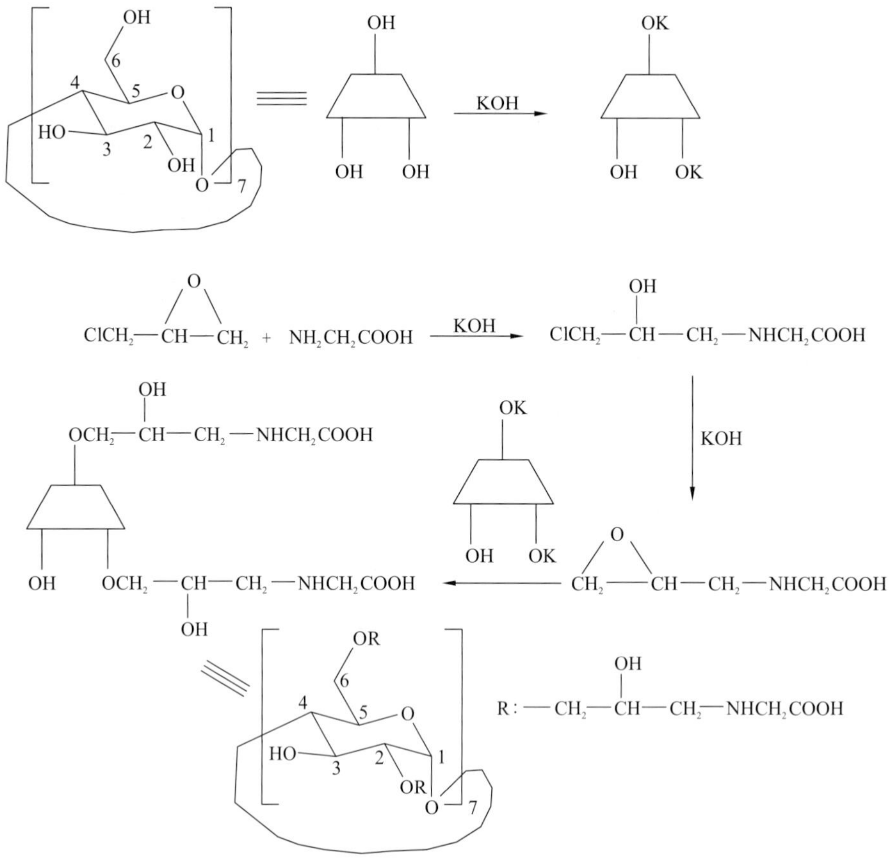

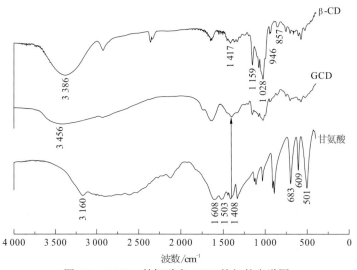

图 2.1　GCD 的合成反应途径示意图

2. 甘氨酸-β-环糊精的红外表征

β-CD、甘氨酸和 GCD 的红外光谱见图 2.2。由图 2.2 可知，波数在 946 cm^{-1} 的峰是 β-CD 的 α-(1, 4)糖苷键的骨架振动，857 cm^{-1} 的峰是 β-CD 吡喃葡萄糖的 C-1 基团振动，

图 2.2　β-CD、甘氨酸和 GCD 的红外光谱图

$1\,028\ cm^{-1}$、$1\,159\ cm^{-1}$ 处分别出现的 C—C/C—O 键耦合振动峰和 C—O—C 键伸缩振动峰为 β-CD 的特征峰，$3\,386\ cm^{-1}$ 的峰是 β-CD 上的 O—H 伸缩振动，$1\,417\ cm^{-1}$ 的峰为 O—H 弯曲振动；甘氨酸分子中羧基的伸缩振动峰位于 $1\,408\ cm^{-1}$、$1\,608\ cm^{-1}$，而面内剪式变角振动带位于 $683\ cm^{-1}$，面内摇摆振动带和面外摇摆振动带则分别出现在 $501\ cm^{-1}$、$609\ cm^{-1}$，氨基吸收峰位于 $1\,503\ cm^{-1}$、$3\,160\ cm^{-1}$。

对比 β-CD 和 GCD 的红外光谱可知，二者红外光谱相似，在 GCD 红外光谱中出现了 $857\ cm^{-1}$、$946\ cm^{-1}$、$1\,028\ cm^{-1}$、$1\,159\ cm^{-1}$ 等 β-CD 的特征吸收峰（Zhao et al.，2009），由此表明 GCD 保留了 β-CD 分子的空腔结构。另外，GCD 在 $3\,100\sim3\,500\ cm^{-1}$ 的吸收峰明显紫移变宽，这是由于环氧基开环与甘氨酸中氨基加成产生新键—NH—，并与羟基产生重叠吸收峰的结果，在 GCD 红外光谱中也出现了 $1\,408\ cm^{-1}$ 羧基的伸缩振动峰。

2.1.2 与菲和铅离子的相互作用

1. GCD 对菲的包结作用

紫外吸收光谱可用于液相中包结物的表征研究，Cramer（1969）最早发现环糊精能影响有机分子的 UV-vis 光谱，而这种光谱的变化是环糊精空腔内高电子密度诱导客体分子电子发生移动的结果，诱导光谱变化可以归纳为两种类型：①最大吸收波长没有位移，吸光度随环糊精浓度的增加呈规律性增加或减弱；②不仅吸光度发生变化，最大波长也发生变化。菲在被 GCD 包结前后的紫外吸收光谱如图 2.3 所示。由图 2.3 可知，菲的紫外吸收有所增加，且强度随着 GCD 浓度的增加而增加，表明菲进入 GCD 空腔发生了分子间包结作用。

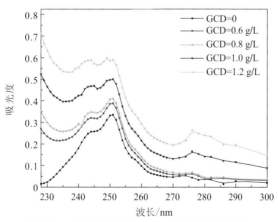

图 2.3 GCD 与菲包结前后的紫外吸收光谱

菲的质量浓度为 1 mg/L

2. GCD 与铅离子的配位作用

GCD 与 Pb^{2+} 的配位作用也可通过紫外光谱表征研究，结果如图 2.4 所示。由图可知，GCD 和 Pb^{2+} 单独存在时，在 240 nm 处的紫外吸收较弱，而当 GCD 与 Pb^{2+} 溶液混合后，其混合物（Pb-GCD）的紫外吸收光谱图中有一明显的肩峰出现，而且紫外吸收在 240 nm 处明显增加，表明 Pb^{2+} 与 GCD 分子结构中的氨基和羧基发生了配位作用。

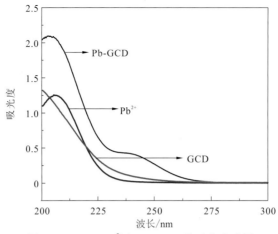

图 2.4 GCD、Pb^{2+} 和 Pb-GCD 的吸收光谱图

2.1.3 对菲和碳酸铅难溶盐的增溶作用

1. GCD 对菲的增溶作用

有机物在环糊精水溶液中的表观溶解度随环糊精浓度线性增大。这种现象归因于 1∶1（物质的量比）包结物的形成，反应式为

$$S + CD \longrightarrow CD\text{-}S \tag{2.1}$$

式中：S 为未被包结的有机物；CD 为未包结的环糊精；CD-S 为已被包结的有机物。包结反应平衡常数 K_s 表示为

$$K_s = \frac{[CD\text{-}S]}{[S][CD]} \tag{2.2}$$

在含有游离有机物和包结物的环糊精溶液中，总水相浓度 S_t 包括游离的溶质和已包结的溶质。当溶液与过量有机物接触时，游离溶质的浓度可看作其在水中的溶解度 S_0，而包结物浓度由式（2.3）求得

$$[CD\text{-}S] = S_t - S_0 \tag{2.3}$$

假设环糊精在与溶质包结过程中浓度没有明显减少，则可用环糊精的初始浓度 C_0 代表游离环糊精的浓度。这样就可以得到溶质总水相浓度 S_t 和环糊精浓度的线性关系：

$$S_t = S_0(1 + K_s C_0) \tag{2.4}$$

如果化合物在水中溶解度相对较大，游离环糊精浓度则会因包结而明显降低，上述假设便不够精准。如果考虑环糊精的消耗，游离环糊精的浓度可以表示为

$$[CD] = C_0 - (S_t - S_0) \tag{2.5}$$

式（2.4）可改写为

$$S_t = S_0\left(1 + \frac{K_s}{1 + K_s S_0}\right) \tag{2.6}$$

对于溶解度低的化合物，S_0 可忽略，则式（2.6）简化为式（2.4）（即 $K_s S_0 \ll 1$）。由

于溶质和空腔的相互作用是非特异性的，增溶作用可看作溶质在水和环糊精空腔之间的分配，所以借用非水溶性有机化合物被表面活性剂共溶溶剂增溶的线性分配模型，可以表示环糊精的增溶作用，即得

$$S_t = S_0(1 + K_{cw}X_{cd}) \tag{2.7}$$

式中：K_{cw} 为非水溶性有机化合物在环糊精和水中的分配系数；X_{cd} 为环糊精的浓度。式（2.7）和式（2.4）形式上相同。因此 K_s 和 K_{cw} 虽然定义不同，但大小相同，说明环糊精有机物形成 1∶1 包结物的过程可用上述分配模型描述。

改性前后环糊精的增溶倍数与其浓度成正比，这种线性关系可以表示为

$$S_t / S_0 = K_s C_x + b \tag{2.8}$$

式中：S_0 为无 β-CD/GCD 存在时有机物在水中的溶解度；S_t 为 β-CD/GCD 存在时有机物在水中的溶解度；S_t/S_0 为不同浓度 β-CD/GCD 对有机物的增溶倍数；C_x 为 β-CD/GCD 的浓度；K_s 为直线斜率，即增溶系数。

β-CD 和 GCD 对菲的增溶作用如图 2.5 所示。由图 2.5 可知，β-CD 和 GCD 对菲增溶系数分别为 0.789 04 和 0.963 55，GCD 对菲的增溶系数明显高于 β-CD，由此表明 GCD 对菲的增溶能力高于 β-CD。GCD 对菲有明显的增溶作用，菲在 30 g/L GCD 溶液中的溶解度可以增强 30 倍。

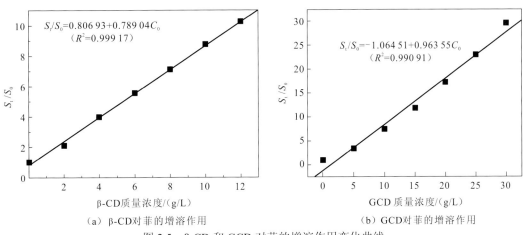

（a）β-CD 对菲的增溶作用　　　　　　（b）GCD 对菲的增溶作用

图 2.5　β-CD 和 GCD 对菲的增溶作用变化曲线

2. GCD 对碳酸铅的增溶作用

GCD 对碳酸铅的增溶作用如图 2.6 所示，碳酸铅在溶液中的表观溶解度随 GCD 质量浓度的增大而增大。当 GCD 质量浓度为 5 g/L 时，水溶液中溶解态铅的质量浓度超过 1 000 mg/L，随着 GCD 质量浓度增加到 20 g/L，水溶液中溶解态铅的质量浓度可以达到近 2 945 mg/L，这种现象归因于 GCD 分子中的氨基和羧基与碳酸铅发生配位作用而导致碳酸铅的溶解。然而，碳酸铅在水溶液中的溶解度并不随 β-CD 质量浓度的变化而变化，这是由于 β-CD 没有与碳酸铅发生配位作用。

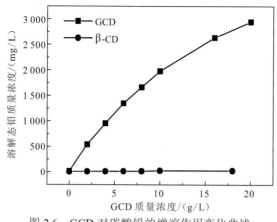

图 2.6 GCD 对碳酸铅的增溶作用变化曲线

2.1.4 对复合污染土壤中菲和铅的解吸行为

1. GCD 对菲和铅的解吸动力学

取 5 g 复合污染土壤（菲和铅的质量分数分别为 0.157 mg/g 和 2.12 mg/g），在 pH 为 6、25 ℃ 和 50 mL 10 g/L GCD 的条件下，研究污染土壤中菲和铅的解吸动力学。应用准一级和准二级动力学模型拟合实验数据（Bhatnagar et al.，2005；Chiou et al.，2002）。

准一级动力学模型为

$$\ln(Q_e - Q_t) = \ln Q_t - k_1 t \tag{2.9}$$

式中：Q_e 为平衡解吸量，mg/g；Q_t 为任意 t 时刻的解吸量，mg/g；k_1 为准一级解吸动力学速率常数，min^{-1}。

从 $\ln(Q_e - Q_t)$ 对 t 的线性方程的斜率和截距可以分别获得 k_1 和 Q_e。菲和铅准一级动力学解吸速率常数和相关系数见表 2.1。计算出菲和铅的解吸量分别为 0.048 60 mg/g 和 0.790 mg/g，它们都低于实验解吸量（菲为 0.083 38 mg/g，铅为 1.230 mg/g）。菲和铅的 $Q_{e,cal}$ 和 $Q_{e,exp}$ 值不太相符，因此可以得出菲和铅的解吸不符合准一级动力学模型。

表 2.1 复合污染土壤中菲和铅的解吸动力学参数

污染物	准一级动力学模型			准二级动力学模型			$Q_{e,exp}$/（mg/g）
	k_1/min^{-1}	$Q_{e,cal}$/（mg/g）	R^2	k_2/[g/（mg·min）]	$Q_{e,cal}$/（mg/g）	R^2	
菲	0.034 37	0.048 60	0.957 3	1.393	0.087 56	0.996 8	0.083 38
铅	0.026 96	0.790	0.908 1	0.065 34	1.259	0.993 8	1.230

准二级动力学模型为

$$\frac{t}{Q_t} = \frac{1}{k_2 Q_e^2} + \frac{t}{Q_e} \tag{2.10}$$

式中：k_2 为准二级解吸动力学速率常数，g/（mg·min）。从 t/Q_t 对 t 的线性方程的斜率和截距可以分别获得 k_2 和 Q_e。菲和铅准二级动力学解吸速率常数和相关系数见表 2.1。计算出菲和铅的解吸量分别为 0.087 56 mg/g 和 1.259 mg/g，二者都接近于实验解吸量（菲为 0.083 38 mg/g，铅为 1.230 mg/g）。另外，对菲和铅而言，准二级解吸动力学模型的相关系数要高于准一级解吸动力学模型的相关系数。因此，相对于准一级动力学模型，污染土壤中菲和铅的解吸更符合准二级解吸动力学模型，准二级动力学模型更适合用于描述污染土壤中菲和铅的解吸过程。

2. GCD 对复合污染土壤中菲、铅的同时去除

GCD 红外光谱结果表明环糊精空腔，氨基和羧基保留在 GCD 的分子结构中。为了研究 GCD 对菲和铅的同时包结和配位作用，等剂量的碳酸铅分别被加到 10 g/L GCD 和不同菲浓度的溶液中，在菲共存时进行碳酸铅的增溶实验。如图 2.7（a）所示，碳酸铅在水溶液中的表观溶解度几乎不受菲浓度的影响，由此说明菲的存在对 GCD 和 Pb^{2+} 之间配位作用的影响可以忽略。等剂量的菲也分别被加到 10 g/L GCD 和不同铅浓度的溶液中，在铅共存时进行菲的增溶实验。结果表明菲的表观溶解度也不受 Pb^{2+} 浓度的影响，由此说明 Pb^{2+} 的存在下，GCD 对菲的增溶效应也不受影响，如图 2.7（b）所示。这是因为 GCD 对菲的包结作用和铅的配位作用是在 GCD 分子结构不同位置上进行的，GCD 分子结构中的氨基和羧基对铅的配位作用发生在环糊精空腔腔体的外部，然而 GCD 对菲的包结作用发生在环糊精空腔腔体的内部。

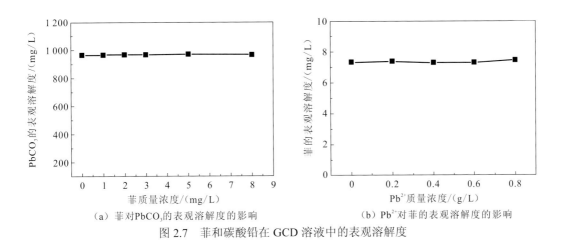

（a）菲对PbCO₃的表观溶解度的影响　　（b）Pb²⁺对菲的表观溶解度的影响

图 2.7　菲和碳酸铅在 GCD 溶液中的表观溶解度

基于以上研究，GCD 具有同时去除复合污染土壤中重金属和多环芳烃的潜能。GCD 对复合污染土壤中菲和铅的去除率变化曲线见图 2.8。菲和铅的去除率随 GCD 浓度的增加而迅速增加，当 GCD 质量浓度为 40 g/L 时，GCD 对复合污染土壤中铅和菲的去除率分别为 85.8% 和 78.8%。

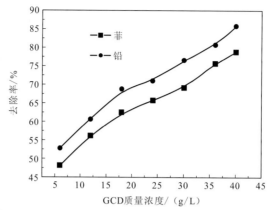

图 2.8　GCD 对复合污染土壤中菲和铅的去除率变化曲线

2.2　天冬氨酸-β-环糊精在重金属-有机物复合污染土壤中的应用

2.2.1　合成及表征

1. 天冬氨酸-β-环糊精的合成

将 8.1 g β-CD、6.7 g 氢氧化钾及 13.3 g 天冬氨酸先后溶解于 70 mL 去离子水中，反应液加热至 50 ℃，然后将 10.2 g 环氧氯丙烷逐滴加到上述混合溶液中，在 60 ℃下反应 1 h，然后冷却至室温。用硫酸将 pH 调至 5～6，加入 150 mL 无水乙醇，并通过填充中性氧化铝柱过滤分离。以 60%乙醇为洗脱剂，将滤液中的乙醇蒸出，再浓缩至 30 mL，再加入足量的无水甲醇，静置过夜，过滤，冷冻干燥，得到白色的天冬氨酸-β-环糊精（ACD）沉淀（戴荣继 等，1998），合成反应路线如图 2.9 所示。

2. 天冬氨酸-β-环糊精的红外光谱分析

β-CD、天冬氨酸和 ACD 的红外光谱见图 2.10。由图 2.10 可知，波数为 857 cm^{-1}、946 cm^{-1}、1026 cm^{-1}、1157 cm^{-1}、3193 cm^{-1} 的这些峰都是 β-CD 的特征峰，其中波数为 946 cm^{-1} 特征峰的是 α-(1, 4)糖苷键的骨架振动，而 857 cm^{-1} 的特征峰是 β-CD 吡喃葡萄糖的 C-1 基团振动，1026 cm^{-1}、1157 cm^{-1} 处分别出现 C—C/C—O 键耦合振动峰和 C—O—C 键伸缩振动峰，3193 cm^{-1} 为 β-CD 上的 O—H 伸缩振动峰；天冬氨酸分子中氨基的反对称伸缩振动峰位于 3140 cm^{-1} 处，2360 cm^{-1} 处是天冬氨酸中羧基的特征峰。对比图 2.10 中天冬氨酸和 ACD 的红外光谱可以得出，ACD 中也有羧基产生，说明天冬氨酸中的羧基加入 ACD 中，此外天冬氨酸中的氨基在新的合成物质上不太明显，这是由于环氧基开环与氨基加成产生了新键—NH—，而叔胺没有 N—H 伸缩振动峰。图中 1388 cm^{-1} 的峰与羧基中 O—H 的弯曲振动有关，这个振动峰是 O—H 的弯曲振动和 O—C—C 对称伸缩振动的合频，说明了新物质中羧基的存在，进一步证明新物质保留了大部分的 β-CD 特征峰，表明新物质仍然保有 β-CD 的空腔结构。

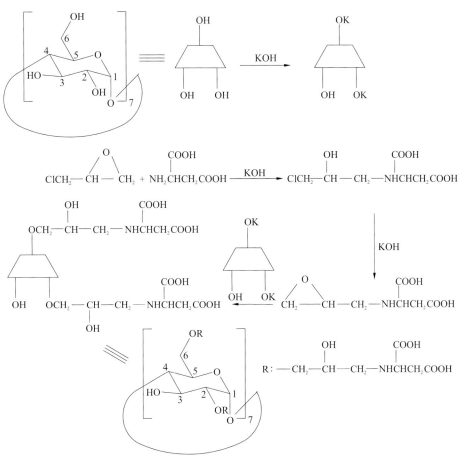

图 2.9　天冬氨酸-β-环糊精的合成反应路线图

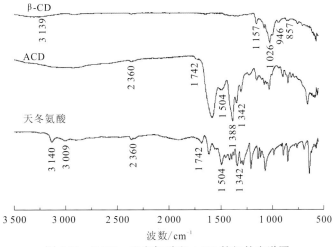

图 2.10　β-CD、天冬氨酸和 ACD 的红外光谱图

2.2.2 与芴和镉的三元作用模式

1. ACD 与芴的相互作用

芴与天冬氨酸-β-环糊精（ACD）相互作用的荧光发射光谱如图 2.11 所示，从图中可以看出发射波长在 350～400 nm 有一个明显的发射强度的峰，且随着 ACD 浓度逐渐升高，芴的荧光发射强度也相应变强。这是因为芴具有一定的荧光特性，当芴进入 ACD 的疏水性空腔时，环糊精可以提供非极性环境，这种微环境的极性改变导致了量子化产率的提高，增强了荧光强度（靳兰 等，2000），并且芴所处的非极性环境越强，越有利于芴的荧光强度的提高，由此说明 ACD 与疏水性有机物芴发生了包结作用。

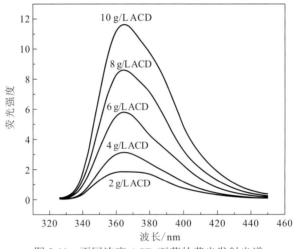

图 2.11　不同浓度 ACD 下芴的荧光发射光谱

2. ACD 与镉的相互作用

利用 X 射线光电子能谱（X-ray photoelectron spectroscopy，XPS）研究 ACD 与镉（Cd）的相互作用，ACD 和 ACD-Cd 配合物中 N 1s、O 1s 和 Cd 3d 的 XPS 数据结果见表 2.2。与碳酸镉（$CdCO_3$）中的 Cd 3d 电子相比，ACD-Cd 中的 Cd 3d 电子的结合能降低了 0.80 eV，而 ACD-Cd 的 O 1s 和 N 1s 电子的结合能比 ACD 的 O 1s 和 N 1s 电子的结合能分别提高了 0.88 eV 和 0.60 eV。因为 ACD 中 N 和 O 原子被认为是电子对供体，导致 ACD-Cd 配合物中 N 和 O 原子的电子密度减小，然而 Cd(II) 是一个电子对受体，导致 ACD-Cd 配合物中 Cd 电子密度的增大。因此，这些光谱变化表明 ACD 中的羧基和氨基与 Cd 配位形成 ACD-Cd 配合物，而且这些基团在腔体外与 Cd 形成配合物。

表 2.2　ACD 与 Cd 作用前后 Cd、N、O 元素的结合能变化　　（单位：eV）

种类	Cd 3d	N 1s	O 1s
$CdCO_3$	405.31	—	—
ACD	—	400.69	530.70
ACD-Cd	404.51	401.29	531.58

3. ACD 与芴和镉的作用模式

ACD 对芴的包结作用和镉的配位作用是在 ACD 分子结构不同位置上进行的，ACD 分子结构中的氨基和羧基对镉的配位作用发生在环糊精空腔腔体的外部，然而 ACD 对芴的包结作用发生在环糊精空腔腔体的内部，作用模式如图 2.12 所示。

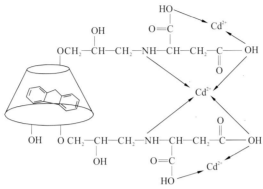

图 2.12　ACD 与芴、镉三元作用模式

2.2.3　对芴和镉在土壤表面分配行为的影响

1. ACD 对芴在土壤表面分配系数的影响

ACD 作用下芴的分配系数 K_d（L/kg）（朱利中 等，2000）为

$$K_d = \frac{Q}{C_e} \tag{2.11}$$

式中：Q 为芴在土壤中的质量分数，mg/kg；C_e 为芴在土壤溶液中的平衡浓度，mg/L。

不同质量浓度 ACD 下，芴在土壤界面的分配系数见表 2.3。由表 2.3 可知，随着 ACD 质量浓度的增加，芴在土壤表面的分配系数越来越小，溶液中的芴含量明显地增加，并且在 ACD 质量浓度从 10 g/L 到 20 g/L 过渡时，溶液中芴的含量增加得更快，说明 ACD 对芴的包结作用显著。加入 ACD 后，芴会更多地分布于土壤溶液中，而不是在土壤表面，说明 ACD 作为有机物污染土壤的增溶剂是可行的，这为更好地开展植物修复有机物污染土壤提供了重要的参考。

表 2.3　ACD 质量浓度对土壤中芴的分配系数影响

项目	ACD 质量浓度/（g/L）				
	0	10	20	30	40
K_d/（L/kg）	42.47	18.99	3.29	2.87	2.19

2. ACD 对土壤中镉的分配系数的影响

ACD 作用下 Cd 的分配系数 k_d（L/kg）（郝汉舟 等，2009）为

$$k_d = \frac{q}{c_e} \tag{2.12}$$

式中：q 为 Cd 在土壤中的质量分数，mg/kg；c_e 为 Cd 在土壤溶液中的平衡浓度，mg/L。

不同质量浓度 ACD 作用下，Cd 在土壤中的分配系数见表 2.4。由表 2.4 可知，随着 ACD 质量浓度的增加，Cd 在土壤表面的分配系数不断减小，说明吸附在土壤表面的 Cd 在 ACD 的作用下有从土壤表面向土壤溶液移动的趋势，改变了 Cd 在土壤表面的吸附分配情况，Cd 在土壤表面的相对亲和能力变弱，ACD 对 Cd 的配位作用及 ACD 本身的水溶性特点是出现土壤溶液中水溶态 Cd 变多的主要原因。这更好地解释了 ACD 有很好的水溶性及对 Cd 较强的配位作用，使 Cd 从土壤表面解吸下来，有利于提升污染土壤中重金属的生物可利用性，为进一步植物修复重金属污染土壤奠定基础。

表 2.4   ACD 质量浓度对土壤中 Cd 的分配系数影响

项目	ACD 质量浓度/（g/L）				
	0	10	20	30	40
k_d/（L/kg）	280	29.89	15.11	12.58	3.56

2.2.4   对植物增效修复的作用机制

1. ACD 对生物量、微生物数量和多酚氧化酶活性的影响

为了评价 ACD 对紫花苜蓿（*Medicago sativa* L.）茎、根生长的影响，在未污染土壤中添加不同浓度的 ACD，结果如图 2.13 所示。结果表明：ACD 对紫花苜蓿茎部和根系生长有促进作用，随着 ACD 浓度的增加，紫花苜蓿茎部和根系生物量显著增加，且 1.5% ACD 浓度作用下紫花苜蓿茎部和根系生物量较高。这是因为 ACD 可以提高细胞膜的渗透性，从而使土壤更有效地吸收养分（Mohamed et al.，2002）。此外，紫花苜蓿可与本地丛枝菌根真菌（arbuscular mycorrhizal fungi，AMF）和根瘤菌形成较好的双共生关系，AMF 可通过改善矿质营养和水分营养，提高对生物和非生物胁迫的耐受性，从而改善植

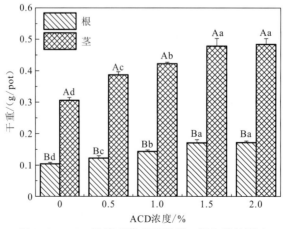

图 2.13   ACD 浓度对紫花苜蓿茎、根生长的影响

物的生长和健康。根瘤菌是一种细菌，它能将氮固定在豆科植物的根和茎的结瘤中，并刺激这些结瘤。因此，土壤中 AMF 和根瘤菌的存在有利于寄主植物的生长（Wang et al.，2011），土壤中添加 ACD 时，ACD 能促进 AMF 和根瘤菌的生长，从而进一步改善寄主植物的营养状况，促进其生长发育（Rajtor et al.，2016）。因此，在植物修复过程中，ACD 的存在有利于紫花苜蓿的生长。

当污染土壤中镉和芘的质量分数分别为 5 mg/kg 和 50 mg/kg 时，ACD 和植物对土壤中芘降解菌数量的影响见表 2.5。结果表明，种植紫花苜蓿的土壤中芘降解菌数量明显高于未种植紫花苜蓿的土壤。根际效应可以解释种植紫花苜蓿土壤和未种植紫花苜蓿土壤之间的差异，已知根系释放一些有机化合物，如氨基酸、有机酸、糖类和碳水化合物，为微生物的生长提供碳源和能量（Singer et al.，2003；Shim et al.，2000）。结果还表明，施用 ACD 可显著增加种植紫花苜蓿土壤和未种植紫花苜蓿土壤的微生物数量，且施用 ACD 的土壤中芘降解菌数量是未施用 ACD 的土壤中芘降解菌数量的 1.36 倍。ACD 的存在可以提高土壤中芘的生物有效性，同时 ACD 还可以为微生物种群提供碳、氮和能量来源，从而导致微生物种群数量的增加。因此，ACD 的存在有利于芘在土壤中的生物降解。

表 2.5　ACD 对土壤中微生物和多酚氧化酶（PPO）活性的影响

不同处理	芘降解菌/（×10⁵ CFU/g）	PPO 活性/（μg PPG/g）
土壤	16.25±1.98d	3.58±0.38d
土壤 + ACD	18.86±2.06c	5.96±0.46c
土壤 + 紫花苜蓿	28.42±2.26b	7.83±0.78b
土壤 + ACD + 紫花苜蓿	38.52±3.36a	10.21±0.80a

多酚氧化酶（polyphenol oxidase，PPO）是土壤中最重要的氧化还原酶之一，可用于腐殖质中芳香族有机化（Chen et al.，2016）。植物和 ACD 对土壤 PPO 活性的影响见表 2.5。结果表明，种植紫花苜蓿的土壤 PPO 活性明显高于未种植的土壤，紫花苜蓿生长增强了土壤 PPO 活性，而 ACD 可提高土壤 PPO 活性。此外，有 ACD 处理的土壤 PPO 活性比无 ACD 处理的土壤高 1.3 倍。PPO 活性结果与种植土壤微生物计数和生物量结果吻合良好。这可以解释为，PPO 活性的增强是由于营养物质的供应，添加 ACD 后植物根系、微生物生长旺盛（Shen et al.，2009）。

2. ACD 对芘积累和去除的影响

为了研究 ACD 对植物吸收芘的影响，测定有无 ACD 作用下紫花苜蓿中芘的含量，结果如图 2.14 所示。紫花苜蓿对芘的吸收随污染土壤中芘含量的增加而明显增加，随污染土壤中镉浓度的增加而减少。使用 ACD 处理的紫花苜蓿中的芘含量是不使用 ACD 处理的紫花苜蓿中的 1.1～1.3 倍，表明施用 ACD 可促进紫花苜蓿对污染土壤中芘的吸收。这是因为 ACD 可以通过包结物的形成提高芘的生物利用性。

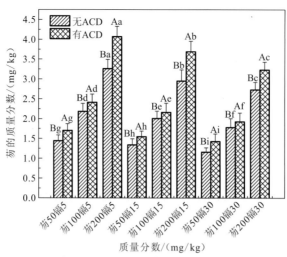

图 2.14　有无 ACD 作用下紫花苜蓿中芴的含量变化

当复合污染土壤中镉和芴的质量分数分别为 5 mg/kg 和 50 mg/kg 时，温室盆栽试验 90 天后，芴在污染土壤中的去除率见表 2.6。结果表明：种植紫花苜蓿的土壤中芴的去除率显著高于未种植紫花苜蓿的土壤。这是因为种植紫花苜蓿的土壤有根际效应，增加了芴的生物有效性，使芴在污染土壤中协同代谢降解（Singer et al.，2003）。研究表明，AMF 菌丝可以促进寄主植物对 PAHs 的吸收（Yu et al.，2011）。ACD 处理种植紫花苜蓿的土壤中芴的去除率为 66.96%，没有 ACD 处理的土壤中芴的去除率为 45.78% 和 17.24%。ACD 对种植紫花苜蓿土壤中芴的去除效果增强，主要是由于 ACD 处理促进了芴的积累和降解。先前的研究结果表明，ACD 的存在对土壤中微生物数量和多酚氧化酶活性有促进作用，微生物和多酚氧化酶活性的提高使 ACD 对土壤中芴的降解增强。此外，ACD 还可提高 AMF 在种植土壤中的侵染率，有利于植物对芴的吸收。

表 2.6　ACD 对污染土壤中芴和镉的去除影响

不同处理	芴的去除率/%	镉的去除率/%
土壤	17.24±1.86	3.87±0.65
土壤+ACD	20.46±2.12	5.49±0.85
土壤+紫花苜蓿	45.78±3.40	25.62±2.76
土壤+ACD+紫花苜蓿	66.96±5.60	34.88±3.82

3. ACD 对 Cd 积累和去除的影响

为了评估 ACD 对污染土壤中植物吸收 Cd 的影响，测定有无 ACD 时紫花苜蓿中 Cd 的含量，结果如图 2.15 所示。紫花苜蓿对 Cd 的吸收随污染土壤中 Cd 浓度的增加而明显增加，而芴对土壤中植物吸收 Cd 的影响不大，这与 Zhang 等（2012）报道的结果相似。有 ACD 作用下的紫花苜蓿中 Cd 浓度是无 ACD 作用下紫花苜蓿中 Cd 浓度的 1.1～1.2 倍，说明施用 ACD 可促进紫花苜蓿对污染土壤中 Cd 的吸收。这是因为 ACD 可以通过配合物的形成提高 Cd 在污染土壤中的生物有效性。

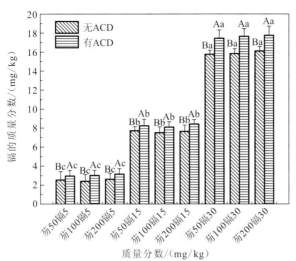

图 2.15 有无 ACD 作用下紫花苜蓿中 Cd 的含量变化

当复合污染土壤中 Cd 和芴的质量分数分别为 5 mg/kg 和 50 mg/kg 时，温室盆栽试验 90 天后，污染土壤中 Cd 的去除率见表 2.6。结果表明，种植紫花苜蓿的土壤对 Cd 的去除率明显高于未种植紫花苜蓿的土壤。根际效应提高了种植紫花苜蓿土壤对 Cd 的去除率。这是由于土壤中存在有益的细菌和真菌作为植物促生菌（plant growth promoting rhizobacteria，PGPR），可以缓解重金属的植物毒性，间接促进植物生长，微生物还可以通过酸化、螯合、配位和氧化还原等多种机制改变土壤中重金属的生物有效性。在 ACD 的存在下，种植紫花苜蓿土壤的 PGPR 活性可以进一步提高。ACD 可以提高根际细菌细胞膜的通透性，从而提高根际细菌对营养物质的吸收效率。此外，由于 ACD 的积累效应增强，种植紫花苜蓿的土壤中 Cd 的去除率提高到 34.88%。因此，ACD 的存在也有利于种植紫花苜蓿土壤中 Cd 的去除。

4. 复合污染土壤中芴和镉的去除机理

在植物修复过程中，污染土壤中 PAHs 的去除主要归功于植物的代谢与积累、微生物的降解及植物-微生物交互作用。植物-微生物交互作用是去除 PAHs 的主要途径（Wei et al.，2010）。因此，污染土壤中 PAHs 的去除率主要取决于土壤中 PAHs 的生物有效性，而 PAHs 的生物有效性与 PAHs 的溶解度有关。进一步研究 ACD 对芴溶解度的影响，β-CD 和 ACD 对芴的增溶效果如图 2.16 所示。结果表明，芴的表观水溶性随着 β-CD 和 ACD 浓度升高呈线性增加。这种现象是由于形成了 1:1 包结物（Ko et al.，1999）。芴与 β-CD 和 ACD 形成包结物的稳定常数分别为 1.663 和 4.716，ACD 与芴形成包结物的稳定常数高于 β-CD 与芴形成包结物的稳定常数，这表明 ACD 对芴增溶作用要高于 β-CD 对芴的增溶作用。10 g/L 的 ACD 对芴的溶解性提高了约 49 倍。ACD 的存在明显提高了污染土壤中芴的溶解度和生物利用性，此外，ACD 的存在促进了土壤中微生物和多酚氧化酶的活性，从而增强了芴的降解。因此，ACD 的存在有利于污染土壤中芴的生物去除。

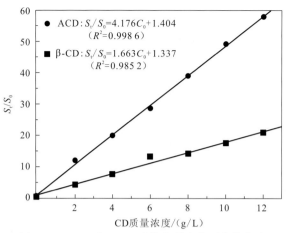

图2.16 β-CD和ACD对芘的增溶作用变化曲线

在植物修复过程中，污染土壤中重金属的去除主要来源于植物的积累，植物对污染土壤中重金属的积累在很大程度上取决于污染土壤中重金属的生物有效性（Abou-Shanab et al.，2006）。而重金属的生物有效性与土壤中重金属的形态有关。总体来说，重金属的溶解度和生物利用性的顺序依次为：可交换态（F1）>碳酸盐结合态（F2）>铁锰氧化物结合态（F3）>有机结合态（F4）>残渣态（F5）（Mahanta et al.，2011）。ACD对土壤中镉形态分布的影响如图2.17所示，ACD的加入改变了土壤中镉的形态分布，可交换态组分明显增加，但碳酸盐结合态、铁锰氧化物结合态和有机结合态明显减少。由此表明，ACD提高了镉在土壤中的溶解度，使镉在土壤中具有较高的生物可利用性。因此，ACD的存在也可以强化生物去除污染土壤中的镉。

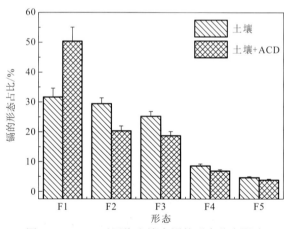

图2.17 ACD对污染土壤中镉的形态分布影响

参 考 文 献

戴荣继，张姝，李方，等，1998. 含有氨基和羧基的β-环糊精衍生物合成及性能测试. 北京理工大学学报，18(2): 159-164.

郝汉舟，靳孟贵，李瑞敏，等，2009. 重金属的土水分配行为研究：根际土壤溶液采样器的应用. 土壤，

41(4): 577-582.

靳兰, 孙世新, 刘育, 2000. 超分子体系中的分子识别研究-氨基酸修饰 β-环糊精对客体分子 TNS 的包结配位研究. 高等学校化学学报, 3(21): 412-414.

朱利中, 陈宝梁, 2000. 多环芳烃在水/有机膨润土间的分配行为. 中国环境科学, 20(2): 119-123.

ABOU-SHANAB R A, ANGLE J S, CHANEY R L, 2006. Bacterial inoculants affecting nickel uptake by *Alyssum murale* from low, moderate and high Ni soils. Soil Biology and Biochemistry, 38(9): 2882-2889.

BHATNAGAR A, JAIN A K, 2005. A comparative adsorption study with different industrial wastes as adsorbents for the removal of cationic dyes from water. Journal of Colloid and Interface Science, 28: 49-55.

CHEN F, TAN M, MA J, et al., 2016. Efficient remediation of PAH-metal co-contaminated soil using microbial-plant combination: A greenhouse study. Journal of Hazardous Materials, 302: 250-261.

CHIOU M S, Li H Y, 2002. Equilibrium and kinetic modeling of adsorption of reactive dye on cross-linked chitosan beads. Journal of Hazardous Materials, 93(2): 233-248.

CRAMER F, 1969. Chemical synthesis of oligo-and polynucleotides. Pure and Applied Chemistry, 18(1): 197-202.

KO S O, SCHLAUTMAN M A, CARRAWAY E R, et al., 1999. Partitioning of hydrophobic organic compounds to hydroxypropyl-β-cyclodextrin: Experimental studies and model predictions for surfactant-enhanced remediation applications. Environmental Science & Technology, 33: 2765-2770.

LAZZARI L, 2000. Correlation between inorganic (heavy metals) and organic (PCBs and PAHs) micropollutant concentrations during sewage sludge composting processes. Chemosphere, 41: 427-435.

LIU Q T, DIAMOND M L, GINGRICH S E, et al., 2003. Accumulation of metals, trace elements and semi-volatile organic compounds on exterior window surfaces in Baltimore. Environmental Pollution, 122: 51-61.

MAHANTA M J, BHATTACHARYYA K G, 2011. Total concentrations, fractionation and mobility of heavy metals in soils of urban area of Guwahati, India. Environmental Monitoring and Assessment, 173: 221-240.

MOHAMED T, JUAN A O, INMACULADA G R, 2002. Production of xyloglucanolytic enzymes by *Trichoderma viride*, *Paecilomyces farinosus*, *Wardomyces inflatus*, and *Pleurotus ostreatus*. Mycologia, 94(3): 404-410.

PARIA S, 2008. Surfactant-enhanced remediation of organic contaminated soil and water. Advances in Colloid and Interface Science, 138: 24-58.

QIU R L, ZOU Z, ZHAO Z H, et al., 2010. Removal of trace and major metals by soil washing with Na_2EDTA and oxalate. Journal of Soils Sediments, 10: 45-53.

RAJTOR M, PIOTROWSKA-SEGET Z, 2016. Prospects for arbuscular mycorrhizal fungi(AMF) to assist in phytoremediation of soil hydrocarbon contaminants. Chemosphere, 162: 105-116.

SHEN C, TANG X, CHEEMA S A, et al., 2009. Enhanced phytoremediation potential of polychlorinated biphenyl contaminated soil from e-waste recycling area in the presence of randomly methylated-β-cyclodextrins. Journal of Hazardous Materials, 172(2-3): 1671-1676.

SHIM H, CHANHAN S, RYOO D, et al., 2000. Rhizosphere competitiveness of trichloroethylene- degrad-ing poplar colonizing recombinant bacteria. Applied and Environmental Microbiology, 66: 4673-4678.

SINGER A C, CROWLEY D E, THOMPSON L P, 2003. Secondary plant metabolites in phytoremediation and biotransformation. Trends in Biotechnology, 21(3): 123-130.

WANG X, BRUSSEAU M L, 1993. Solubilization of some low-polarity organic compounds by hydroxypropyl-β-cyclodextrin. Environmental Science & Technology, 27: 2821-2825.

WANG X R, PAN Q, CHEN F X, et al., 2011. Effects of co-inoculation with arbuscular mycorrhizal fungi and rhizobia on soybean growth as related to root architecture and availability of N and P. Mycorrhiza, 21: 173-181.

WEI S Q, PAN S W, 2010. Phytoremediation for soils contaminated by phenanthrene and pyrene with multiple plant species. Journal of Soils and Sediments, 10: 886-894.

YU X Z, WU S C, WU F Y, et al., 2011. Enhanced dissipation of PAHs from soil using mycorrhizal ryegrass and PAH-degrading bacteria. Journal of Hazardous Materials, 186(2-3): 1206-1217.

ZHANG Z H, RENGEL Z, CHANG H, et al., 2012. Phytoremediation potential of *Juncus subsecundus* in soils contaminated with cadmium and polynuclear aromatic hydrocarbons(PAHs). Geoderma, 175-176: 1-8.

ZHAO D, ZHAO L, ZHU C S, et al., 2009. Synthesis and properties of water in soluble β-cyclodextrin polymer crosslinked by citric acid with PEG-400 as modifier. Carbohydrate Polymers, 78: 125-130.

第3章　缓释螯合剂在铀、铬污染土壤植物修复中的调控作用

矿产资源的不合理开发、农药和化肥的大量施用导致我国土壤重金属污染程度不断加剧，污染面积也呈逐年扩大趋势，同时土壤重金属污染还具有长期性、隐蔽性、不可逆性及不能被微生物降解等特点，土壤重金属污染及其防治已成为政府部门和环境保护工作者广泛关注的问题。寻找可靠、经济的重金属污染土壤修复方法具有重要意义。各种修复方法如化学清洗（Radu et al., 2015）、化学固化（Pan et al., 2016）、电动修复（Kim et al., 2016）和生物修复（Chabalala et al., 2010）已被开发用于修复重金属污染土壤。然而，这些传统的修复方法存在效率低、成本高、容易产生二次污染等缺点（Li et al., 2012）。

植物修复被广泛认为是一种前景良好的长期修复铀污染土壤的技术，因为这种技术经济，允许原位处理，不产生液体废物，并保持土壤性质完整（Malaviya et al., 2012）。例如印度芥菜就是一种具有修复重金属污染物潜力的植物（Shahandeh et al., 2002）。但污染土壤中重金属的生物有效性较低，可能会对植物提取效率产生不利影响，因此，植物修复方法需要进一步改进。为了克服生物利用性和迁移的限制，一些有机酸（乙酸、柠檬酸和苹果酸）已被用于加强植物从污染土壤中提取重金属。柠檬酸（citric acid, CA）对铀在植物体内积累的影响最大。生长在原始铀污染土壤中的印度芥菜幼苗，其铀的质量分数低于 5 mg/kg，而生长在经柠檬酸处理的土壤中的印度芥菜幼苗，其铀的质量分数超过 5 000 mg/kg（Huang et al., 2007）。然而，传统柠檬酸在铀污染土壤植物修复过程中存在一定的生态风险。在受铀污染的土壤中加入传统螯合剂会使铀酰离子的溶解度迅速增加，而大部分未被植物吸收的铀和重金属保留在土壤溶液中，这导致随后铀和重金属淋滤到地下水的风险增加。此外，生物有效铀和重金属的快速释放可抑制植物的生长发育。

因此，有必要研究缓释螯合剂在重金属污染土壤植物修复中的应用。近年来，一些具有缓释功能的材料已被应用于土壤修复领域。例如，将硅酸盐和烯烃聚合物作为乙二胺四乙酸（EDTA）缓释载体用于重金属污染土壤的植物修复。但硅酸盐的缓释性能较差，硅酸盐包覆的 EDTA 在短时间内释放，烯烃聚合物难以被生物降解（Xie et al., 2012; Shibata et al., 2007; Li et al., 2005）。因此，有必要研究具有良好的缓释性能、生物相容性和降解性的缓释载体。壳聚糖作为药物缓释载体已成功用于药物的传递和控释（Gundogdu et al., 2015）。β-环糊精（β-CDs）是一类由 7 个 D-吡喃葡萄糖单元通过α-2, 4糖苷键首尾相连形成的大环化合物，其内部空腔具有疏水性，能使许多尺寸匹配且极性相当的分子通过包结作用（非共价键作用）进入空腔形成主客体包结物，并且由于具有

适中的空腔大小和相对较低的生产成本，它已广泛应用于化学分离、催化、药物释放和环保领域。壳聚糖交联-β-环糊精具有疏水内腔的优点，保持了对客体分子的分子识别能力，有利于客体分子的装载和控释。此外，它还具有壳聚糖的生物相容性、无毒性和生物降解性等特点。因此，壳聚糖接枝环糊精不仅具有环糊精的包合和转运性能的累积效应，还具有聚合物基体的控释能力。

本章主要介绍一种基于羧甲基壳聚糖接枝羧甲基-β-环糊精为缓释载体、传统螯合剂为缓释对象的缓释螯合剂的制备方法，分析缓释螯合剂对污染土壤中重金属的缓释动力学规律，揭示缓释螯合剂作用下重金属污染的植物增效修复机制，并评估对地下水的渗滤风险。

3.1 缓释螯合剂的制备及表征

3.1.1 缓释载体的制备

1. 羧甲基壳聚糖（CMC）的制备

先将 8 g（49.7 mmol）壳聚糖（CS）加到 40 mL 质量分数为 50%的 NaOH 溶液中，然后置于-18 ℃的冰箱中碱化过夜。过滤后将壳聚糖置于 40 mL 异丙醇溶液中，将含有 10 g（105.7 mmol）氯乙酸的溶液逐滴加入其中，在 65 ℃下冷凝回流搅拌反应 4 h，反应结束后再用盐酸将其调至中性，过滤后真空冷冻干燥，最终得到的淡黄色产物为羧甲基壳聚糖（Chen et al.，2004）。合成反应原理图如图 3.1 所示。

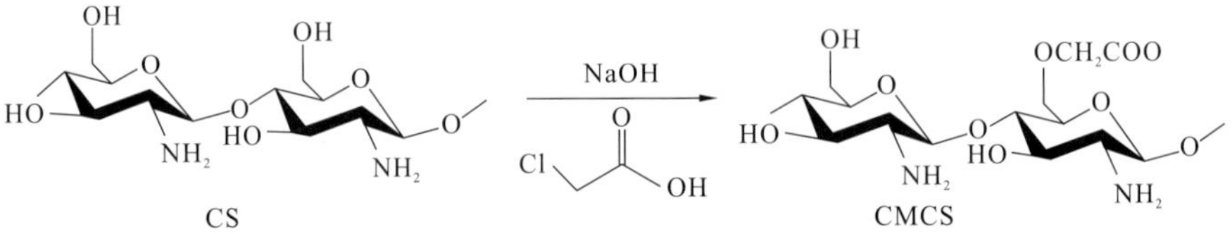

图 3.1 羧甲基壳聚糖的合成反应原理图

2. 羧甲基-β-环糊精（CMCD）的制备

首先称取 11.64 g（9.946 mol）氯乙酸溶于 20 mL H$_2$O 中，然后称取 8.1 g（7.1 mmol）β-环糊精溶于 40 mL 质量分数为 25%的 NaOH 溶液中，于 60 ℃下搅拌 10 min 直至 β-环糊精完全溶解，再将之前配好的氯乙酸溶液在 20～30 min 内逐滴加入其中，碱化 1 h，在冷却水循环系统装置中于 60 ℃下搅拌反应 7 h，反应结束后再用盐酸将 pH 调至 9，然后用无水甲醇沉淀，直至不再有沉淀生成，静置过夜后离心取沉淀，加水溶解洗掉杂质，再加无水甲醇沉淀，所得产物用无水乙醇反复洗涤，至无氯为止，之后真空冷冻干燥，最终得到的白色产物为羧甲基-β-环糊精（胡亚男，2009）。合成反应原理图如图 3.2 所示。

图 3.2　羧甲基-β-环糊精的合成反应原理图

3. 羧甲基壳聚糖接枝羧甲基-β-环糊精（CMC-g-CMCD）的制备

首先将 0.96 g（5 mmol）EDC 盐酸盐和 0.575 g（5 mmol）N-羟基丁二酰亚胺（N-hydroxy succinimide，NHS）溶于 20 mL H₂O 中，然后将 5.965 g（5 mmol）羧甲基-β-环糊精溶解于上述溶液中活化 30 min，再将由 0.905 g（5 mmol）羧甲基壳聚糖配制的水溶液逐滴加入其中，室温（25 ℃）下搅拌反应 8 h，得到透明胶体，在去离子水中透析之后再用无水甲醇沉淀，无水乙醇洗涤多次，过滤后真空冷冻干燥，最终得到的白色产物为羧甲基壳聚糖接枝羧甲基-β-环糊精（Prabaharan et al.，2005）。合成反应原理图如图 3.3 所示。

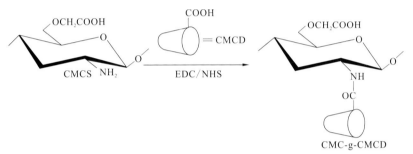

图 3.3　羧甲基壳聚糖接枝羧甲基-β-环糊精的合成反应原理图

3.1.2　微球式缓释螯合剂的制备及表征

1. 微球式缓释螯合剂的制备

1）微球式缓释 EDTA（CMC-g-CMCD∶EDTA = 2∶1）的制备

首先准确称取 10 g CMC-g-CMCD 溶解于 300 mL 超纯水中，在室温（25 ℃）下磁力搅拌 2 h 至完全溶解，再称取 5 g EDTA 溶于上述溶液中，磁力搅拌 1 h 使接枝产物与 EDTA 在溶液中混合均匀，静置去除气泡之后使用喷雾干燥法将上述溶液喷成干燥白色粉末。喷雾干燥机的参数为：进口温度 230 ℃、出口温度 120 ℃、风机频率 60 Hz、蠕动泵转速 15 r/min、通针间隔时间 2 s。

2）微球式缓释柠檬酸铵（CMC-g-CMCD∶柠檬酸铵 = 2∶1）的制备

首先准确称取 10 g CMC-g-CMCD 溶解于 300 mL 超纯水中，在室温（25 ℃）下磁力搅拌 2 h 至完全溶解，再称取 5 g 柠檬酸铵溶于上述溶液中，磁力搅拌 1 h 使接枝产物与柠檬酸铵在溶液中混合均匀，静置去除气泡之后使用喷雾干燥法将上述溶液喷成干燥白色粉末，喷雾干燥机的参数同上。

3）微球式缓释复合螯合剂①（CMCD∶柠檬酸铵∶EDTA＝4∶1∶1）的制备

首先准确称取 10 g 的 CMCD 溶解于 300 mL 超纯水中，在室温（25℃）下磁力搅拌 2 h 至完全溶解，再称取 2.5 g 柠檬酸铵和 2.5 g EDTA 溶于上述溶液中，磁力搅拌 1 h 使 CMCD 与柠檬酸铵、EDTA 在溶液中混合均匀，静置去除气泡之后使用喷雾干燥法将上述溶液喷成干燥白色粉末，喷雾干燥机的参数同上。

4）微球式缓释复合螯合剂②（CMC∶柠檬酸铵∶EDTA＝4∶1∶1）的制备

首先准确称取 10 g CMC 溶解于 300 mL 超纯水中，在室温（25℃）下磁力搅拌 2 h 至完全溶解，再称取 2.5 g 柠檬酸铵和 2.5 g EDTA 溶于上述溶液中，磁力搅拌 1 h 使 CMC 与柠檬酸铵、EDTA 在溶液中混合均匀，静置去除气泡之后使用喷雾干燥法将上述溶液喷成干燥白色粉末，喷雾干燥机的参数同上。

5）微球式缓释复合螯合剂③（CMC-g-CMCD∶柠檬酸铵∶EDTA＝4∶1∶1）的制备

首先准确称取 10 g CMC-g-CMCD 溶解于 300 mL 超纯水中，在室温（25℃）下磁力搅拌 2 h 至完全溶解，再称取 2.5 g 柠檬酸铵和 2.5 g EDTA 溶于上述溶液中，磁力搅拌 1 h 使 CMC-g-CMCD 与柠檬酸铵、EDTA 在溶液中混合均匀，静置去除气泡之后使用喷雾干燥法将上述溶液喷成干燥白色粉末，喷雾干燥机的参数同上。后文提到的缓释复合螯合剂均是指以 CMC-g-CMCD 为缓释载体的缓释复合螯合剂。

2. 缓释载体和缓释螯合剂的表征

1）缓释载体和缓释螯合剂的红外光谱表征分析

图 3.4 为缓释载体的傅里叶变换红外光谱（Fourier transform infrared spectrum, FTIR），图中 a 和 b 分别为壳聚糖（CS）和羧甲基壳聚糖（CMC）的 FTIR 图，其中在 1 033 cm^{-1} 处出现的伯醇羟基伸缩振动峰、1 596 cm^{-1} 处出现的 N—H 面内弯曲振动峰都属于 CS 的特征吸收峰；CMC 在 1 411 cm^{-1} 及 1 596 cm^{-1} 处出现了 COO— 的对称及不对称伸缩振动吸收峰，与 CS 相比，CMC 在 1 596 cm^{-1} 处的吸收峰强度增强，这是 COO— 的不对称伸缩振动峰与 N—H 面内弯曲振动峰叠加产生的结果，表明 CS 发生了羧甲基化反应，形成了 CMC（张贵芹 等，2006）。图 3.4 中 c 和 d 分别为 β-环糊精（β-CD）和羧甲基-β-环糊精（CMCD）的 FTIR 图，β-CD 在 2 925 cm^{-1} 处出现 C—H 的振动吸收峰，3 396 cm^{-1} 处出现醇羟基振动吸收峰，然而，CMCD 的谱线在这两处的吸收峰强度都明显减弱了，同时在 1 598 cm^{-1}、1 417 cm^{-1}、1 328 cm^{-1} 处出现了醚键吸收峰，表明 β-CD 的羟基被羧甲基所取代，形成了 CMCD（翟明翚 等，2012）。图 3.4 中 e 为羧甲基壳聚糖接枝羧甲基-β-环糊精（CMC-g-CMCD）的 FTIR 图，在 CMC-g-CMCD 的谱线中的 849.9 cm^{-1} 处出现了 CMC 的 β-吡喃基振动特征吸收峰，942.8 cm^{-1} 处出现了 CMCD 的 β-吡喃基振动特征吸收峰，1 644 cm^{-1} 处伯酰胺带出现羧基伸缩振动峰，这些都表明 CMCD 接枝到 CMC 上（Prabaharan et al.，2008）。

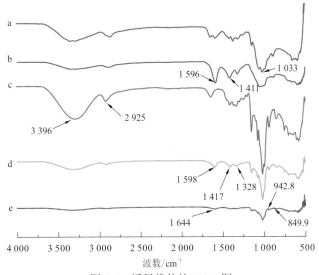

图 3.4　缓释载体的 FTIR 图

a 为 CS，b 为 CMC，c 为 β-CD，d 为 CMCD，e 为 CMC-g-CMCD

　　图 3.5 为缓释螯合剂的 FTIR 图，图中 a 和 b 分别为 EDTA 和缓释 EDTA（CMC-g-CMCD：EDTA=2：1）的 FTIR 图，其中，在缓释 EDTA 红外谱线上的 1 640 cm^{-1} 处出现了 EDTA 的酰胺键的特征吸收峰，1 440 cm^{-1} 处出现 EDTA 的—COO—的特征吸收峰，表明 EDTA 包含在缓释 EDTA 微球粉末中。图 3.5 中 c 和 d 分别为柠檬酸铵和缓释柠檬酸铵（CMC-g-CMCD：柠檬酸铵=2：1）的 FTIR 图，在缓释柠檬酸铵红外谱线上的 1 717 cm^{-1} 处出现了柠檬酸铵羧基中的 C＝O 特征吸收峰，1 396 cm^{-1} 处出现羧酸中的 C—OH 面内弯曲振动吸收峰，这都表明柠檬酸铵包含在缓释柠檬酸铵微球粉末中。图 3.5 中 e 是缓释复合螯合剂（CMC-g-CMCD：EDTA：柠檬酸铵=4：1：1）的 FTIR 图，缓释复合螯合剂同时具备以上 EDTA 和柠檬酸铵的特征指纹峰，因此，可以认为缓释复合螯合剂微球粉末中同时包含了 EDTA 和柠檬酸铵两种螯合剂。

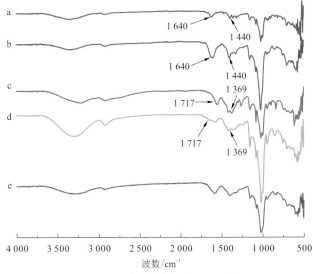

图 3.5　缓释螯合剂的 FTIR 图

a 为 EDTA，b 为缓释 EDTA，c 为柠檬酸铵，d 为缓释柠檬酸铵，e 为缓释复合螯合剂

2）缓释载体 X 射线衍射分析

物质的晶体结构不同会导致它们的性质有所差异，图 3.6 中 a、b 和 c 分别为 CMC、CMCD 和 CMC-g-CMCD 的 X 射线衍射（X-ray diffraction，XRD）谱图。由图 3.6 可知，CMC 和 CMCD 在 2θ 为 20° 处附近均有较强的吸收峰，说明 CMC 和 CMCD 都具有一定的微晶结构（王晓明 等，2015）。而在 CMC-g-CMCD 的 XRD 谱图中，衍射峰的强度明显减弱变宽，这是因为 CMC 与 CMCD 之间发生了化学接枝反应破坏了原有的晶体结构，形成了 CMC-g-CMCD。

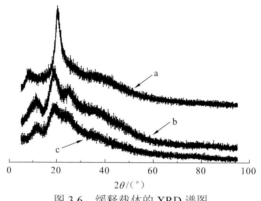

图 3.6　缓释载体的 XRD 谱图
a 为 CMC，b 为 CMCD，c 为 CMC-g-CMCD

3）缓释载体的热重分析

图 3.7 为 CMC、CMCD 和 CMC-g-CMCD 的热重分析（thermogravimetric analysis，TGA）曲线，由于有机物在高温条件下会发生氧化分解，而且在特定的温度下其重量会发生突变，所以可以由重量突变时的温度来确定样品类别。由图 3.7 可知，在 200 ℃ 之前各种样品均出现略微的失重现象，这有可能是样品失去自由水造成的，然后 CMC 在 340 ℃ 之后出现快速失重，CMCD 在 290 ℃ 之后快速失重，而 CMC-g-CMCD 在 200 ℃ 之后就开始出现快速失重，这是因为 CMC 在接枝 CMCD 期间破坏了 CMC 和 CMCD 分子链间的氢键及范德瓦耳斯力，使得 CMC-g-CMCD 的热分解温度有所降低，说明 CMC 和 CMCD 发生了接枝反应，形成了 CMC-g-CMCD。

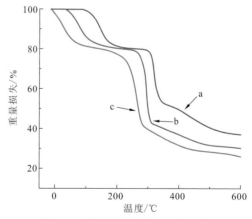

图 3.7　缓释载体的热重分析曲线
a 为 CMC，b 为 CMCD，c 为 CMC-g-CMCD

4）缓释载体的固态核磁共振表征分析（C谱）

CMC-g-CMCD 的固态核磁共振（nuclear magnetic resonance，NMR）谱图如图 3.8 所示。根据文献报道可知，CMCD 中相对应的 6 个碳的化学位移分别为 C1（102 ppm）（ppm 为核磁共振波谱的相对化学位移，以此单位表示化学位移的数值与仪器频率无关，其数值表示为仪器频率的百万分之一）、C2（60 ppm）、C3（73 ppm）、C4（81 ppm）、C5（73 ppm）、C6（72 ppm）（谭海娜 等，2013）。而 CMC-g-CMCD 中相对应的 6 个碳的化学位移分别为 C1（100 ppm）、C2（58 ppm）、C3（67 ppm）、C4（80 ppm）、C5（67 ppm）、C6（60 ppm），均移向高场，而且在化学位移为 178 ppm 处出现了 CMC 的乙酰胺基的羰基特征峰，这些都与 Kono 等（2015）制备的 CMC-g-CMCD 的 NMR 表征结果相似，表明 CMC 成功地接枝到了 CMCD 上，合成了 CMC-g-CMCD 缓释载体。

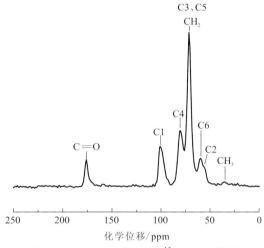

图 3.8　CMC-g-CMCD 的 ^{13}C-NMR 谱图

5）缓释螯合剂的扫描电镜分析

经喷雾干燥法制备的缓释螯合剂微球的扫描电镜（scanning electron microscope，SEM）图如图 3.9 所示。图中显示缓释 EDTA、缓释柠檬酸铵和缓释复合螯合剂放大 25 000 倍的扫描电镜图像，大部分微球表面平整、光滑，颗粒分明，通过扫描电镜中的标尺大致测量其粒径分布在 5～10 μm，其中缓释复合螯合剂的粒径最大，这是因为缓释复合螯

（a）缓释EDTA

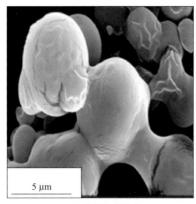

（b）缓释柠檬酸铵

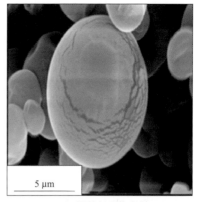

（c）缓释复合螯合剂

图 3.9　缓释螯合剂的扫描电镜图

合剂包裹了两种螯合剂，分子间产生了相互作用力，薄膜外衣也出现了部分裂痕，由此可以得出 CMC-g-CMCD 在螯合剂的外表面形成了一层薄膜外衣，其能通过控制螯合剂分子的进出进而控制载体内螯合剂的释放速率。

6）缓释螯合剂的透射电镜表征分析

如图 3.10 所示，缓释 EDTA、缓释柠檬酸铵和缓释复合螯合剂的透射电镜（transmission electron microscope，TEM）图像中微球形状较为规则，缓释微球表面密实，结构完整，螯合剂均匀密实地填充于微球内部。

（a）缓释EDTA

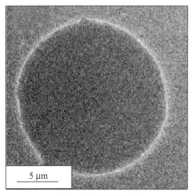

（b）缓释柠檬酸铵

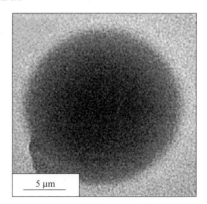

（c）缓释复合螯合剂

图 3.10　缓释螯合剂的透射电镜图

3.2 缓释螯合剂在水中的缓释性能

缓释螯合剂在水中的缓释动力学实验可以直观地展现出缓释材料对螯合剂的缓释效果，其中缓释载体对螯合剂的包封率和载药量是判断其负载效果的重要指标，人们通常通过测定水溶液中游离在缓释载体外的药物浓度来计算缓释材料的包封率、载药量，并探究其缓释动力学规律。如谢宇等（2009）通过紫外分光光度计测定溶液中游离的牛血清蛋白浓度推算出羟丙基壳聚糖纳米微球对牛血清蛋白的包封率和载药量及其在水溶液中的缓释动力学规律。

本节主要通过液相色谱法测定水溶液中游离的柠檬酸铵和 EDTA 的含量，进而计算出缓释载体羧甲基壳聚糖（CMC）、羧甲基环糊精（CMCD）及羧甲基壳聚糖接枝羧甲基环糊精（CMC-g-CMCD）对柠檬酸铵和 EDTA 的包封率和载药量，并研究它们在水溶液中的缓释动力学规律，为缓释螯合剂在调控土壤中重金属释放速率的研究提供理论基础。

3.2.1 包封率及载药量

缓释材料的包封率和载药量是判断其负载效果的重要参数，因此测定缓释材料的包封率和载药量显得尤为必要。缓释载体对螯合剂的包封率和载药量的计算公式为

$$包封率 = \frac{总的螯合剂的量 - 游离的螯合剂的量}{总的螯合剂的量} \times 100\% \qquad (3.1)$$

$$载药量 = \frac{总的螯合剂的量 - 游离的螯合剂的量}{缓释螯合剂的量} \times 100\% \qquad (3.2)$$

由于缓释载体不同，缓释螯合剂的包封率和载药量也不同，以 CMC、CMCD 和 CMC-g-CMCD 为载体的缓释复合螯合剂对柠檬酸铵和 EDTA 的包封率和载药量见表 3.1。由表 3.1 可知，缓释复合螯合剂对柠檬酸铵和 EDTA 的包封率和载药量的大小关系为缓释复合螯合剂③＞缓释复合螯合剂②＞缓释复合螯合剂①，由此可以推断出缓释载体 CMC-g-CMCD 对螯合剂的负载效果大于 CMC，而 CMC 对螯合剂的负载效果又大于 CMCD。

表 3.1　缓释复合螯合剂对柠檬酸铵和 **EDTA** 的包封率和载药量

螯合剂类型	柠檬酸铵		EDTA	
	包封率/%	载药量/%	包封率/%	载药量/%
缓释复合螯合剂①	81.43	39.24	80.33	38.54
缓释复合螯合剂②	86.44	42.38	85.64	41.25
缓释复合螯合剂③	94.63	48.12	93.72	47.68

注：缓释复合螯合剂①（CMCD：EDTA：柠檬酸铵=4：1：1）；缓释复合螯合剂②（CMC：EDTA：柠檬酸铵=4：1：1）；缓释复合螯合剂③（CMC-g-CMCD：EDTA：柠檬酸铵=4：1：1）

3.2.2　缓释动力学规律

探究缓释螯合剂在水中的缓释规律可以直观地展现出缓释螯合剂释放螯合剂的速率，测定释放到水中游离的柠檬酸铵和 EDTA 的含量，可以推断缓释螯合剂在水中的缓释动力学规律。

由图 3.11 和图 3.12 可知，因为柠檬酸铵和 EDTA 同时被包裹在缓释载体中，而且使用的缓释载体的材料也相同，所以它们在水中的缓释规律几乎一致。柠檬酸铵和 EDTA 都易溶于水，传统螯合剂柠檬酸铵和 EDTA 在水中 1 h 内的累积释放率高达 85%，6 h 完全释放，如果没有透析袋的缓释作用，传统螯合剂溶于水后便会立刻完全释放。对于缓释复合螯合剂①，因为环糊精是淀粉在生物酶作用下降解所产生的一种 D-吡喃葡萄糖单元，再通过α-1, 4 糖苷键首尾相连形成的大环化合物，基于疏水作用力、氢键和范德瓦耳斯力等作用，环糊精的分子空洞结构能使许多尺寸匹配且极性相当的有机和无机分子进入空腔形成主客体包结物，从而控制对客体的释放（Radu et al.，2016），所以缓释复合螯合剂①对螯合剂具有一定的缓释效果，该缓释分为 2 个阶段：前 12 h 释放速率较快，累积释放率达 83%；12 h 之后释放缓慢。其在 6～72 h 的累积释放率符合 Huguchi 扩散方程 $Q=9.68t^{1/2}+24.42$（$R^2=0.974$，$k=9.68$）。

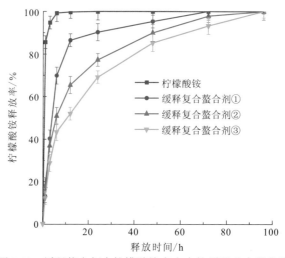

图 3.11　缓释螯合剂中柠檬酸铵在水中的缓释动力学曲线

与缓释复合螯合剂①相比，缓释复合螯合剂②对螯合剂的缓释效果较好。羧甲基壳聚糖由于具有生物可降解性和成膜性的特点，在与螯合剂柠檬酸铵和 EDTA 通过喷雾干燥法制成缓释微球之后，能有效地控制膜内螯合剂的释放速率。在释放初期，螯合剂通过微球表面的微孔和裂痕进入水溶液中，造成水溶液中螯合剂的浓度增加，在 12 h 内累积释放率达 63%；随着羧甲基壳聚糖吸水溶胀，其表面的微孔和裂痕逐渐消失，螯合剂只能在羧甲基壳聚糖生物降解、骨架扩散的时候释放出来。其在 6～96 h 的累积释放率符合 Huguchi 扩散方程 $Q=9.84t^{1/2}+17.17$（$R^2=0.992$，$k=9.84$）。

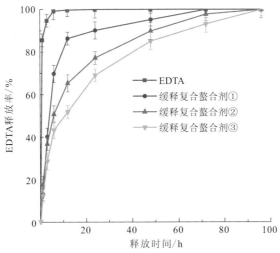
图 3.12　缓释螯合剂中 EDTA 在水中的缓释动力学曲线

　　对于缓释复合螯合剂③，其缓释效果优于缓释复合螯合剂②。这是因为羧甲基壳聚糖接枝羧甲基环糊精既保持了环糊精对客体分子包结识别能力，有利于客体分子的负载，同时又具备对客体分子的控制释放能力，所以对螯合剂拥有更强的包合能力及更好的缓释效果（Prabaharan et al.，2005）。其在 6～100 h 的累积释放率符合 Huguchi 扩散方程 $Q=10.14t^{1/2}+10.09$（$R^2=0.995$，$k=10.14$）。

3.3　缓释螯合剂对土壤中铀、铬释放行为的调控

　　在重金属污染土壤植物修复技术中，目前主要有两种提高修复效率的方法：一是提高修复植物体内的重金属含量；二是提高修复植物的生物量。当螯合剂被施加到土壤中，会与土壤中的重金属发生络合反应，形成一种水溶性的重金属-螯合剂络合物，从而提高土壤中重金属的生物有效性，促进植物对重金属的吸收富集（胡亚虎 等，2010；Meers et al.，2008；Sarkar et al.，2008）。但是在施用螯合剂的过程中发现，高浓度的螯合剂会对植物产生一定的毒害作用，降低修复植物的生物量，而且螯合剂对土壤中重金属的活化速率远高于植物对重金属的提取速率，过度活化的重金属易随大气降水和灌溉渗滤到地下水中，造成地下水污染。而使用具有缓释性能的缓释螯合剂来增强植物修复，可以使土壤中重金属的活化速率与植物对重金属的提取速率相匹配。

　　本节主要介绍传统螯合剂（EDTA、柠檬酸铵和 EDTA-柠檬酸铵复合物）和缓释螯合剂（缓释 EDTA、缓释柠檬酸铵和缓释复合螯合剂）对土壤中铀、铬的静态活化及土柱动态淋滤行为，其中静态活化实验主要分析传统螯合剂和缓释螯合剂对土壤溶液中铀、铬含量的影响，而动态淋滤实验则分析传统螯合剂和缓释螯合剂对土壤中铀、铬的淋失量和累积淋失量的影响，在此基础上分析传统螯合剂和缓释螯合剂对调控土壤中铀、铬释放行为的影响。

3.3.1　铀、铬的静态活化

1. 缓释螯合剂对土壤中铀、铬的静态活化实验设计

在缓释螯合剂对土壤铀、铬的静态活化实验中，分别对供试土壤实施 7 种螯合剂添加方案：①空白（对照组）；② 5 mmol/kg EDTA；③ 5 mmol/kg 缓释 EDTA（CMC-g-CMCD：EDTA=2∶1）；④ 5 mmol/kg 柠檬酸铵；⑤ 5 mmol/kg 缓释柠檬酸铵（CMC-g-CMCD：柠檬酸铵=2∶1）；⑥ 5 mmol/kg 复合螯合剂（EDTA：柠檬酸铵=1∶1）；⑦ 5 mmol/kg 缓释复合螯合剂（CMC-g-CMCD：EDTA：柠檬酸铵=4∶1∶1）。每种处理设置 3 个平行实验。

将上述各种螯合剂分别均匀拌入 400 g 风干后过 2 mm 筛的供试土壤中，装入 500 mL 的磨口广口瓶中，向每瓶加入 240 mL 超纯水，使其含水量保持在 60%左右，再将广口瓶放入 25℃的恒温培养箱中。分别在 1 h、3 h、6 h、12 h、24 h、48 h、72 h 和 96 h 后用注射器抽取 10 mL 土壤溶液，并及时补充 10 mL 超纯水，保持含水量不变。将收集到的土壤溶液经离心 30 min 后过 0.22 μm 的微孔滤膜，用电感耦合等离子体发射光谱仪（inductively coupled plasma optical emission spectrometer，ICP-OES）测定土壤溶液中铀、铬的浓度，并在每次取样时测定其 pH。

2. 缓释螯合剂对土壤中铀、铬的静态活化影响

1）缓释螯合剂对土壤中铀的静态活化影响

缓释螯合剂对土壤中铀的静态活化影响见图 3.13。由图 3.13 可知：经过 5 mmol/kg 传统螯合剂柠檬酸铵处理的土壤溶液仅在处理 3 h 后铀浓度便达到峰值（2713 μg/L）；而经过 5 mmol/kg 传统螯合剂 EDTA 处理的土壤溶液中的铀浓度在处理 6 h 后达到峰值（2013 μg/L）；经过 5 mmol/kg 复合螯合剂（EDTA：柠檬酸铵=1∶1）处理的土壤溶液中铀浓度也在处理 6 h 后达到峰值，其峰值浓度介于经柠檬酸铵和 EDTA 处理后土壤溶液铀浓度之间；但处理时间为 24 h 时，经柠檬酸铵、复合螯合剂和 EDTA 处理的土壤溶液中的铀质量浓度便分别下降至 805 μg/L、720 μg/L 和 630 μg/L。经过对应缓释螯合剂处理的土壤溶液中铀的峰值浓度均小于经传统螯合剂处理的土壤溶液，而且铀的浓度保持在一定范围内。从图 3.13 可以看出，各种螯合剂对铀的活化能力为柠檬酸铵＞复合螯合剂＞EDTA＞缓释柠檬酸铵＞缓释复合螯合剂＞缓释 EDTA，其中"柠檬酸铵＞复合螯合剂＞EDTA"与 Duquène 等（2009）的研究结论相一致。经过以上螯合剂处理的土壤溶液中铀的浓度均呈先升后降的变化趋势，造成土壤溶液中铀浓度下降的原因有两个：其一，随着时间的延长，土壤中的螯合剂和有机质逐渐被生物降解，土壤中的氧气不断被消耗并产生大量 CO_2，以及在土壤中发生的一系列还原反应消耗了 H^+，从而使土壤的 pH 上升，水溶态铀的浓度下降（Wu et al.，2004）；其二，土壤中铁氧水合物和铁氧化物溶解出来的铁离子会和铀发生竞争作用，抢先与螯合剂形成金属-螯合剂络合物，造成土壤溶液中铀浓度下降（Neugschwandtner et al.，2008）。

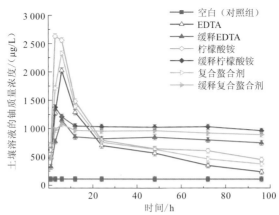

图 3.13　土壤的静态活化实验中土壤溶液的铀浓度随时间变化曲线

　　总体来看，相对于传统螯合剂（EDTA、柠檬酸铵和复合螯合剂），使用缓释螯合剂（缓释 EDTA、缓释柠檬酸铵和缓释复合螯合剂）活化土壤中的铀可使土壤溶液中的铀具有相对较低的初始浓度，能够避免因土壤溶液中的重金属浓度过高而对植物产生毒害作用，抑制植物生长。对经以上缓释螯合剂处理的土壤溶液的铀浓度随时间变化曲线进行拟合，发现其与缓释螯合剂在水中释放螯合剂的规律相似，符合 Huguchi 扩散模型 $Q=kt^{1/2}+b$，在 1～24 h，缓释 EDTA 满足 $Q=5.27t^{1/2}+436.36$（$R^2=0.91$，$k=5.27$），缓释柠檬酸铵满足 $Q=-4.01t^{1/2}+890.55$（$R^2=0.90$，$k=-4.01$），缓释复合螯合剂满足 $Q=13.65t^{1/2}+708.61$（$R^2=0.92$，$k=13.65$）。

　　2）缓释螯合剂对土壤中铬的静态活化影响

　　缓释螯合剂对土壤中铬的静态活化影响见图 3.14。由图 3.14 可知，除对照组之外，各种螯合剂（EDTA、柠檬酸铵、复合螯合剂及对应的缓释螯合剂）处理下的铬浓度均呈现先升后降的变化趋势，对照组中的铬浓度一直处于较低水平，且无明显变化。无论是施加传统螯合剂（EDTA、柠檬酸铵和复合螯合剂）还是对应剂量的缓释螯合剂（缓释 EDTA、缓释柠檬酸铵和缓释复合螯合剂），土壤溶液中的铬浓度均在 0～6 h 内迅速上升，6 h 达到峰值，施用传统螯合剂的上升幅度要高于施用缓释螯合剂，随后在 6 h 之后施用传统螯合剂处理的土壤溶液中铬浓度开始急剧下降，而施用缓释螯合剂处理的铬浓度持续保持在一定的范围内，最后均在 24 h 之后趋于稳定。

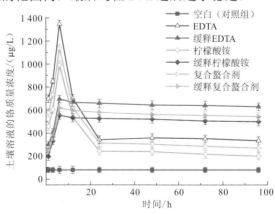

图 3.14　土壤静态活化实验中土壤溶液的铬浓度随时间变化曲线

由图 3.14 可知，在 1 h 时，5 mmol/kg EDTA 处理的土壤溶液中的铬质量浓度为 680 μg/L，5 mmol/kg 柠檬酸铵处理的铬质量浓度为 452 μg/L，5 mmol/kg 复合螯合剂处理的铬质量浓度为 610 μg/L，其活化能力分别是添加相应剂量缓释螯合剂的 2.18 倍、2.03 倍和 2.25 倍，是对照组的 566 倍、347 倍和 435 倍。在 24 h 时，各种处理下土壤溶液中铬的浓度均趋于稳定，采用 5 mmol/kg EDTA 处理的土壤溶液中的铬质量浓度为 315 μg/L，5 mmol/kg 复合螯合剂处理的铬质量浓度为 290 μg/L，5 mmol/kg 柠檬酸铵处理的铬质量浓度为 230 μg/L，其浓度分别是添加相应剂量缓释螯合剂的 52.5%、52.7% 和 46%。在相同条件下，各种螯合剂对土壤溶液中铬的活化速率均出现：EDTA＞复合螯合剂＞柠檬酸铵＞缓释 EDTA＞缓释复合螯合剂＞缓释柠檬酸铵，其中"EDTA＞复合螯合剂＞柠檬酸铵"与 Luo 等（2005）的实验结论相符合。EDTA 对土壤中铬的活化能力要高于柠檬酸铵，同时，EDTA 属于难生物降解的一类螯合剂，而柠檬酸铵是可生物降解的，因此施用 EDTA 对生态环境造成的风险要高于柠檬酸铵。施用复合螯合剂可以保证在重金属活化效果相近的情况下减少 EDTA 的使用量，因此施用复合螯合剂辅助植物修复具有更好的优势。

与缓释螯合剂相比，直接施用传统螯合剂会引起土壤中有效态铬的浓度突增，植物对铬的吸收速率远低于土壤中铬的活化速率，这不仅会影响植物的正常生长发育，还会对地下水造成渗滤风险。因此，通过用以 CMC-g-CMCD 为缓释载体的缓释螯合剂（缓释 EDTA、缓释柠檬酸铵和缓释复合螯合剂）来调控土壤溶液中重金属的突增，可以有效避免土壤修复过程中的地下水渗滤风险，而且还能使植物在重金属浓度较合适的环境下持续地吸收土壤中的重金属，提高植物修复的效率。同时对经以上缓释螯合剂处理的土壤溶液中的铬浓度随时间变化曲线进行拟合，发现其与缓释螯合剂在水中释放螯合剂的规律一样，符合 Huguchi 扩散模型 $Q=kt^{1/2}+b$。在 1～12 h，缓释 EDTA 满足 $Q=24.79t^{1/2}+537.16$（$R^2=0.93$，$k=24.79$），缓释柠檬酸铵满足 $Q=21.26t^{1/2}+452.98$（$R^2=0.91$，$k=21.26$），缓释复合螯合剂满足 $Q=20.03t^{1/2}+501.19$（$R^2=0.92$，$k=20.03$）。

3.3.2 铀、铬的动态淋滤

为了进一步探明施用传统螯合剂（EDTA、柠檬酸铵和复合螯合剂）和缓释螯合剂（缓释 EDTA、缓释柠檬酸铵和缓释复合螯合剂）修复重金属污染土壤时对地下水造成的渗滤风险，设计土柱淋滤实验来模拟土壤修复过程中传统螯合剂和缓释螯合剂对土壤中铀、铬的动态浸出。

1. 缓释螯合剂对土壤中铀、铬的动态淋滤实验设计

缓释螯合剂对土壤中铀、铬的土柱淋滤实验与静态活化实验类似，分别对尾矿库土壤实施 7 种螯合剂添加方案：①空白（对照组）；②5 mmol/kg EDTA；③5 mmol/kg 缓释 EDTA（CMC-g-CMCD∶EDTA=2∶1）；④5 mmol/kg 柠檬酸铵；⑤5 mmol/kg 缓释柠檬酸铵（CMC-g-CMCD∶柠檬酸铵=2∶1）；⑥5 mmol/kg 复合螯合剂（EDTA∶柠檬酸铵=1∶1）；⑦5 mmol/kg 缓释复合螯合剂（CMC-g-CMCD∶EDTA∶柠檬酸铵=4∶1∶1）。每种处理设置 3 个平行。

每种处理均称取 800 g 风干后过 2 mm 筛的供试土壤，再分别均匀拌入上述传统螯合剂和缓释螯合剂，将其置入下部垫有石英砂和尼龙网的有机玻璃柱（直径 $d=6$ cm，高度 $h=30$ cm）渗滤装置中，加入超纯水浸泡至饱和状态，垂直平衡 48 h。为了更好地模拟现场实际降雨情况，每次使用 150 mL 的人工配制酸雨（pH=5.2），酸雨配制方法参考 Zheng 等（2009），对土柱进行淋洗（淋洗速度为 5 mL/min），取样间隔为 1 天，连续 7 天收集 24 h 内的渗滤液。将收集到的渗滤液经 5 000 r/min 离心 30 min 后过 0.22 μm 微孔滤膜，用 ICP-OES 测定渗滤液中的铀、铬浓度。动态淋滤实验装置示意见图 3.15。

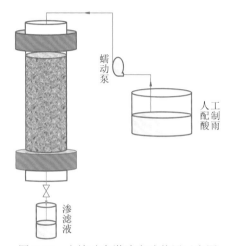

图 3.15　土壤动态淋滤实验装置示意图

2. 缓释螯合剂对土壤中铀、铬的动态淋滤影响

1）缓释螯合剂对土壤中铀的动态淋滤影响

施用传统螯合剂和缓释螯合剂时土壤渗滤液中铀的淋失浓度随淋滤次数的变化曲线见图 3.16。无论施用何种螯合剂，土壤渗滤液中铀的淋失浓度都随淋滤次数先增加后减小。但是在施用传统螯合剂的土壤渗滤液中，铀的淋失浓度在第二次淋滤时便达到峰值，而施用相对应的缓释螯合剂的土壤渗滤液中，铀的淋失浓度在第三次淋滤时才达到峰值，而且铀淋失浓度只有传统螯合剂的 1/2。这说明使用传统螯合剂辅助植物修复重金属污染土壤时发生地下水渗滤风险的概率很高，使用缓释螯合剂时的风险相对较低。从图 3.16 可以看出，在相同浓度下，各种螯合剂对土壤中铀的活化能力为柠檬酸铵＞复合螯合剂＞EDTA＞缓释柠檬酸铵＞缓释复合螯合剂＞缓释 EDTA，这与对土壤的静态活化实验结论相符。

图 3.17 所示为土壤中铀的累积淋失量随淋滤次数的变化曲线，土壤中重金属的累积淋失量计算公式为

$$累积淋失量 = \sum 每次淋洗后渗滤液中重金属浓度 \times 渗滤液体积 \qquad (3.3)$$

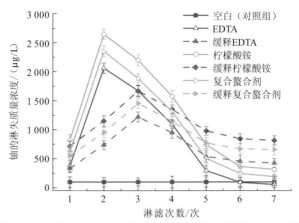

图 3.16 土壤渗滤液中铀的淋失浓度随淋滤次数的变化曲线

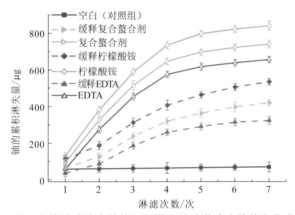

图 3.17 土壤渗滤液中铀的累积淋失量随淋滤次数的变化曲线

累积淋失量随着淋滤次数的增加逐步增大，在经过 7 次人工配制酸雨淋滤之后，施用柠檬酸铵的土壤渗滤液中铀的累积淋失量为 820 μg，施用缓释柠檬酸铵的土壤渗滤液中铀的累积淋失量为 450 μg；施用复合螯合剂的土壤渗滤液中铀的累积淋失量为 700 μg，施用缓释复合螯合剂的土壤渗滤液中铀的累积淋失量为 380 μg；施用 EDTA 的土壤渗滤液中铀的累积淋失量为 600 μg，施用缓释 EDTA 的土壤渗滤液中铀的累积淋失量为 270 μg。由此可见，施用缓释螯合剂可以大幅降低土壤修复过程中铀渗滤到地下水中的风险。对施用缓释螯合剂的土壤渗滤液中铀的累积淋失量随淋滤次数变化的曲线进行拟合，其在 1～7 次符合 Huguchi 扩散模型 $Q=kt^{1/2}+b$，缓释 EDTA 满足 $Q=1919.3t^{1/2}-1801.35$（$R^2=0.93$, $k=1919.3$），缓释柠檬酸铵满足 $Q=2745.52t^{1/2}-2517.28$（$R^2=0.97$, $k=2745.52$），缓释复合螯合剂满足 $Q=2325.6t^{1/2}-2145.20$（$R^2=0.99$, $k=2325.6$）。

2）缓释螯合剂对土壤中铬的动态淋滤影响

图 3.18 所示为传统螯合剂和缓释螯合剂对铬的淋失浓度随淋滤次数的变化曲线。由图 3.18 可知，对照组土壤中铬的淋失浓度随淋滤次数的增加没有明显变化，对于无论是施加传统螯合剂（EDTA、柠檬酸铵和复合螯合剂）还是缓释螯合剂（缓释 EDTA、缓释柠檬酸铵和缓释复合螯合剂），土壤渗滤液中的铬淋失浓度都随淋滤次数的增加呈先增后减的趋势。其中在前 4 次淋滤中，施用 EDTA 等传统螯合剂的土壤中铬淋失浓度均大于

施用相应的缓释螯合剂，这说明相对于缓释螯合剂，施用传统螯合剂更易将土壤中的铬淋滤出来。在使用传统螯合剂增强植物修复的过程中，土壤中的铬可能会随大气降水和灌溉进入地下水，最终将土壤中的重金属污染转移到地下水中。各种螯合剂对土壤中铬的活化速率为 EDTA＞复合螯合剂＞柠檬酸铵＞缓释 EDTA＞缓释复合螯合剂＞缓释柠檬酸铵。因此，通过施用缓释螯合剂来调控土壤中铬的活化速率，以匹配修复植物对铬的吸收速率，将是一种非常有必要的重金属污染土壤植物修复技术。

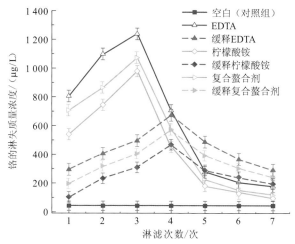

图 3.18　土壤渗滤液中铬的淋失浓度随淋滤次数的变化曲线

图 3.19 所示为土壤中铬的累积淋失量随淋滤次数的变化曲线，铬的累积淋失量计算公式如式（3.3）所示。土壤渗滤液中铬的累积淋失随着淋滤次数的增加而逐步增大。施用传统螯合剂 EDTA 时，经过 7 次淋滤之后，土壤渗滤液中铬的累积淋失量高达 480 μg，而施用缓释 EDTA 时，累积淋失量为 220 μg；施用复合螯合剂时，铬的累积淋失量为 410 μg，施用缓释复合螯合剂时，铬的累积淋失量为 150 μg；施用柠檬酸铵时，铬的累积淋失量为 310 μg，施用缓释柠檬酸铵时，铬的累积淋失量为 110 μg。说明缓释螯合剂对土壤溶液中铬浓度同样具有调控作用，因此该缓释螯合剂可以用于多种重金属复合污染土壤修复。

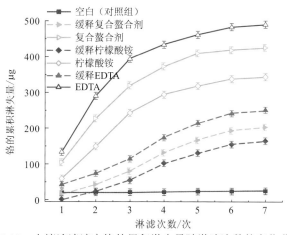

图 3.19　土壤渗滤液中铬的累积淋失量随淋滤次数的变化曲线

通过对缓释螯合剂作用下土壤渗滤液中铬的累积淋失量随淋滤次数的变化曲线的拟合，发现其在淋滤 1～7 次符合 Huguchi 扩散模型 $Q=kt^{1/2}+b$，缓释 EDTA 满足 $Q=1\,401.95t^{1/2}-1\,326.69$（$R^2=0.97$，$k=1\,401.95$），缓释柠檬酸铵满足 $Q=1\,096.66t^{1/2}-1\,108.61$（$R^2=0.95$，$k=1\,096.66$），缓释复合螯合剂满足 $Q=1\,254.2t^{1/2}-1\,224.66$（$R^2=0.99$，$k=1\,254.2$）。

3.4　缓释螯合剂对铀、铬复合污染土壤植物修复的作用

植物修复技术是一种利用天然植物修复重金属污染土壤环境的绿色生态修复技术，它主要通过植物系统及根际微生物群落来提取、吸收、挥发、转化、降解或稳定土壤环境中重金属等污染物（白洁 等，2005）。但是植物修复的速度通常较为缓慢，往往需要几年甚至十几年才能达到预期效果，为了提高植物提取污染物的效率，人们常常使用螯合剂来增强植物提取修复。但螯合剂也有消极的一面，螯合剂会在极短的时间内通过配位作用使土壤中重金属的有效态含量迅速增加，但是植物对重金属的提取速率有限，只能吸收很少一部分有效态重金属，其他未被植物吸收并且还是生物有效态的重金属仍残留在土壤中，这些残留的活化态重金属极有可能随大气降水和灌溉逐渐下移，污染地表水或地下水，对人体健康和环境都造成潜在危害（谢志宜 等，2012）。因此，研制对土壤中重金属具有缓释作用的缓释螯合剂来强化植物修复具有重要的实际意义。

本节主要以铀尾矿库土壤为供试土壤，通过模拟盆栽实验探究传统螯合剂（EDTA、柠檬酸铵和 EDTA-柠檬酸铵复合物）与缓释螯合剂（缓释 EDTA、缓释柠檬酸铵和缓释复合螯合剂）对向日葵修复铀、铬复合污染土壤的影响，从施用传统螯合剂与缓释螯合剂后的向日葵的生物量、铀和铬含量、富集系数、转运系数及根际土壤中铀、铬有效态含量等方面比较传统螯合剂与缓释螯合剂对向日葵修复铀、铬复合污染土壤的影响，为缓释螯合剂在将来土壤修复中的应用提供科学依据。

3.4.1　对植物生长及生物量的影响

在重金属污染土壤植物修复过程中，植物的生长状态是决定修复效果的关键，只有修复植物生长状态良好，才能进行下一步的修复工作。

图 3.20 所示为不同螯合剂处理下向日葵收割时的植物生长情况。其中：（a）是空白处理的盆栽，整体长势较好；（b）和（c）分别是经过 5 mmol/kg EDTA 和 5 mmol/kg 柠檬酸铵处理的盆栽，向日葵生长矮小，并且出现叶片发黄失绿甚至烂叶等中毒现象，表明 EDTA 和柠檬酸铵的使用会对向日葵的生长有一定的抑制作用（Kos et al.，2004）；（d）是经过 5 mmol/kg 复合螯合剂处理的盆栽，植株的生长状态相比于施用单一螯合剂的情况较好；（e）和（f）分别是经过 5 mmol/kg 缓释 EDTA 和 5 mmol/kg 缓释柠檬酸铵处理的盆栽，相比于直接施用传统螯合剂，向日葵受到的毒害作用有所减缓，植株生长相对正常；（g）是经过 5 mmol/kg 缓释复合螯合剂处理的盆栽，向日葵的长势又好于施用传统的复合螯合剂。

（a）空白处理

（b）EDTA处理

（c）柠檬酸铵处理

（d）复合螯合剂处理

（e）缓释EDTA处理

（f）缓释柠檬酸铵处理

（g）缓释复合螯合剂处理

图 3.20   不同螯合剂处理下向日葵收割时植物生长情况

由此可以得出，使用缓释螯合剂来增强植物提取土壤中的重金属时，可以减缓螯合剂在使用过程中对植物生长的抑制作用。缓释螯合剂可以通过调控土壤中螯合剂的释放速率，延长螯合剂对重金属的促溶时间，从而使植物能在重金属浓度较为适宜的环境下持续提取土壤中的重金属，避免了因传统螯合剂和生物有效态重金属浓度过高而对植株产生双重毒害。而且作为缓释载体的 CMC-g-CMCD 本身对植物生长就有一定的促进作用，壳聚糖及其衍生物能够提高植物叶片叶绿素含量从而提高光合作用的效率（曲丹阳 等，2017），还可以诱导植物抗性蛋白、木质素的形成，改变植物体内的酚类代谢、诱使植物产生愈创葡萄糖（callcse）（王希群 等，2008），提高植物的抗性，此外，壳聚糖及其衍生物本身富含 C、N 等元素，能为植物生长提供必要的养料（蒋挺大，2003）；环糊精及其衍生物则可以提高土壤中某些难溶性物质的水溶性，从而使其能被土壤中微生物代谢降解，减轻其对植物生长的毒害作用（朱德艳，2009）。

植物的生物量也是决定植物修复效率的一个重要因素（Chen et al.，2003），通过称量烘干后向日葵的干重来确定向日葵的生物量，进而探究缓释螯合剂对向日葵生物量的影响。图 3.21 所示为不同螯合剂处理对向日葵生物量的影响。

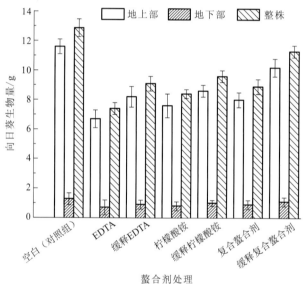

图 3.21 不同螯合剂处理对向日葵生物量的影响

由图 3.21 可知，不同螯合剂处理下向日葵的地上部、地下部及整株的生物量均不同，当土壤中加入螯合剂之后，与对照组相比，向日葵的生物量均有所下降，其中以施用 5 mmol/kg EDTA 的向日葵生物量最小，地上部和地下部的生长均受到了抑制，生物量分别下降了 42.24%和 44.89%，表明传统螯合剂 EDTA 的使用会对植物生长产生抑制作用，EDTA 会破坏植物的根表皮和根细胞的细胞壁使植物脱水、叶片枯黄，这与 Youcian 等（1993）研究 EDTA 增强植物修复时出现的现象相同。然而，施用 5 mmol/kg 缓释 EDTA 对植物生长的抑制作用相对较小，与传统螯合剂 EDTA 相比，施用缓释 EDTA 向日葵地上部及地下部的生物量分别增加了 22.39%和 28.57%。施用传统螯合剂柠檬酸铵也会对植物生长产生抑制作用，而施用 5 mmol/kg 缓释柠檬酸铵时，向日葵地上部及地下部的生物量比施用柠檬酸铵分别增加了 13.16%和 25%。施用 5 mmol/kg 缓释复合螯合剂时，向日葵地上部及地下部生物量比施用复合螯合剂分别增加了 27.5%和 22.22%。施用不同螯合剂处理对向日葵生物量的影响呈现：空白（对照组）＞5 mmol/kg 缓释复合螯合剂＞5 mmol/kg 缓释柠檬酸铵＞5 mmol/kg 缓释 EDTA＞5 mmol/kg 复合螯合剂＞5 mmol/kg 柠檬酸铵＞5 mmol/kg EDTA。由此可以说明，相较于传统螯合剂，施用缓释螯合剂可以提高向日葵的生物量，其主要原因是缓释螯合剂可以有效调控螯合剂的释放，避免过高浓度的螯合剂和活化态的重金属对植物生长产生抑制作用。

3.4.2 对根际土壤中有效态铀、铬含量的影响

土壤中重金属元素对动物、人类及环境的危害程度很大部分取决于生物有效态重金属的含量而并非重金属总量（苏峰丙，2018）。在重金属的各种形态中，对生物有效性贡献最大的形态通常被称为有效态。参考改进的 Tessier 法测定土壤中重金属铀、铬的形态（梁连东 等，2014），根据 Tessier 连续萃取法（Tessier et al.，1979）可以将土壤中的重金属形态分为离子交换态、碳酸盐结合态、有机质结合态、无定形铁锰氧化物结合态、晶质铁锰氧化物结合态和残渣态 6 种形态，其中，离子交换态和碳酸盐结合态的含量之和即为有效态含量。表 3.2 所示为施用不同螯合剂对根际土壤中有效态铀、铬含量的影响。

表 3.2 施用不同螯合剂对根际土壤中有效态铀、铬含量的影响

螯合剂	有效态铀质量分数/（mg/kg）	有效态铬质量分数/（mg/kg）
空白（对照组）	43.89±2.3	25.64±3.5
5 mmol/kg EDTA	48.67±3.1	36.48±1.7
5 mmol/kg 缓释 EDTA	45.53±1.5	31.26±2.5
5 mmol/kg 柠檬酸铵	76.47±2.4	28.75±3.2
5 mmol/kg 缓释柠檬酸铵	65.66±1.9	26.17±2.1
5 mmol/kg 复合螯合剂	85.84±1.6	42.46±0.7
5 mmol/kg 缓释复合螯合剂	74.28±1.3	35.24±0.5

注：表中数据为平均值±标准差（$n=3$）

由表 3.2 可知，与空白（对照组）相比，向土壤中施加螯合剂可以提高向日葵根际土壤重金属的生物有效性，土壤中有效态铀、有效态铬含量均有所上升。施加 5 mmol/kg EDTA 之后，土壤中有效态铀质量分数为 48.67 mg/kg，有效态铬质量分数为 36.48 mg/kg，分别是对照组的 1.11 倍和 1.42 倍，说明与重金属铀相比，EDTA 能更有效地提高土壤中有效态铬的含量。施加 5 mmol/kg 柠檬酸铵时，土壤中有效态铀质量分数为 76.47 mg/kg，有效态铬质量分数为 28.75 mg/kg，分别是对照组的 1.74 倍和 1.12 倍，说明柠檬酸铵对提升有效态铀含量的效果要优于铬。施用复合螯合剂对提升土壤中有效态铀、有效态铬含量的能力均大于施用单一螯合剂，表明在多种重金属复合污染土壤的植物修复过程中，使用复合螯合剂来增强植物修复能取得更好的修复效果。

但是，向土壤中添加螯合剂也提高了土壤中重金属的生物活性及迁移性，植物对重金属的吸收速率远低于重金属被活化的速率，在大气降水和灌溉的影响下，土壤中的有效态重金属有可能会下渗到地下水中，对地下水造成污染。向土壤中施用缓释螯合剂可以避免这一问题。施加 5 mmol/kg 缓释 EDTA 时，土壤中有效态铀质量分数为 45.53 mg/kg，有效态铬质量分数为 31.26 mg/kg，比施用传统螯合剂 EDTA 时降低了 6.5%和 14.3%。施加 5 mmol/kg 缓释柠檬酸铵时，土壤中有效态铀质量分数为 65.66 mg/kg，有效态铬质量分数为 26.17 mg/kg，比施用传统螯合剂柠檬酸铵降低了 14.1%和 9.0%。施用缓释复合螯合剂时，土壤中有效态铀质量分数为 74.28 mg/kg，有效态铬质量分数为 35.24 mg/kg，比施用传统复合螯合剂降低了 13.5%和 17.0%，说明缓释型螯合剂可以降低土壤中有效态重金属浓度的提升速率，降低重金属污染土壤植物修复过程中的地下水渗滤风险。

3.4.3 对土壤中铀、铬的植物富集和转运的影响

1. 缓释螯合剂对向日葵铀含量、富集系数和转运系数的影响

富集系数（bioconcentration factor，BF）和转运系数（translocation factor，TF）经常被视作植物提取土壤中重金属效率的重要指标。富集系数是植物体内重金属含量与其生存环境中重金属含量的比值，它反映了植物对土壤中重金属富集能力的大小（严莉 等，2016）。转运系数是植物地上部重金属含量与地下部重金属含量的比值，用来评价植物将重金属从地下部向地上部运输的能力（蔡秋玲 等，2016）。富集系数和转运系数的计算公式为

$$富集系数 = \frac{植物体内重金属含量}{土壤中重金属含量} \tag{3.4}$$

$$转运系数 = \frac{植物地上部重金属含量}{植物地下部重金属含量} \tag{3.5}$$

不同螯合剂处理向日葵的地上部、地下部和整株铀质量分数，以及经式（3.4）和式（3.5）计算出的向日葵富集系数和转运系数见表 3.3。

表 3.3　不同螯合剂对向日葵铀含量、富集及转运系数的影响

螯合剂	地上部铀质量分数/（mg/kg）	地下部铀质量分数/（mg/kg）	整株铀质量分数/（mg/kg）	富集系数	转运系数
空白（对照组）	17.24±1.3	112.32±1.5	24.27±1.2	0.22	0.15
5 mmol/kg EDTA	26.83±0.9	125.74±0.4	36.19±0.5	0.33	0.21
5 mmol/kg 缓释 EDTA	30.72±1.6	133.12±0.7	40.85±0.8	0.37	0.23
5 mmol/kg 柠檬酸铵	38.89±0.5	154.22±1.1	49.87±1.3	0.45	0.25
5 mmol/kg 缓释柠檬酸铵	60.23±0.8	162.67±0.6	70.90±1.5	0.64	0.37
5 mmol/kg 复合螯合剂	42.15±0.6	159.24±1.0	53.99±0.4	0.49	0.26
5 mmol/kg 缓释复合螯合剂	81.46±1.2	190.57±1.3	92.08±0.8	0.83	0.43

注：表中数据为平均值±标准差（$n=3$）

研究表明，向土壤中添加螯合剂可以有效改善土壤/土壤溶液/植物根系界面的化学性质，增强植物根系对重金属的吸收并加速重金属在植物体内的运输，提高土壤中重金属的生物利用性，从而强化植物对土壤中重金属的富集能力和提取效果（Fine et al.，2014；Lan et al.，2013）。由表3.3可以看出，与对照组相比，无论向土壤中施加何种螯合剂，向日葵地上部和地下部的铀含量均有所增加。在传统螯合剂处理组中，向日葵地上部和地下部铀含量大小关系为复合螯合剂＞柠檬酸铵＞EDTA，施用复合螯合剂处理组最高，分别为42.15 mg/kg、159.24 mg/kg，是对照组的2.44倍和1.42倍。与对应的传统螯合剂相比，施用缓释螯合剂能更有效地提高向日葵地上部和地下部的铀含量，提高植物修复效率，施用缓释复合螯合剂时向日葵地上部和地下部铀质量分数分别为81.46 mg/kg和190.57 mg/kg，是对应传统复合螯合剂的1.93倍和1.20倍，对照组的4.73倍和1.70倍。造成缓释螯合剂处理向日葵地上部和地下部铀含量升高的主要原因是缓释螯合剂可以使植物在生物有效态铀浓度较为适宜的环境下持续吸收土壤中的重金属，同时缓释载体（CMC-g-CMCD）也是一种生物可降解的高分子有机物，为土壤中的微生物提供碳源、氮源等，有效地改善了根系土壤周围生物的生存环境（Luo et al.，2007；Vall，2004），促进了植物的生长，进而提高了植物的修复效率。

从表3.3中还可以看出，无论经过何种处理，向日葵地下部的铀含量均大于地上部，说明土壤中的铀主要被向日葵的地下部所吸收。向土壤中施加螯合剂可以提高重金属铀从地下部向上迁移的速率，减小向日葵地上部和地下部铀含量的差异，该差异可以由转运系数表示。如向土壤中施加5 mmol/kg EDTA时，向日葵的转运系数为0.21，是对照组的1.4倍，说明EDTA可以提高向日葵的转运系数，增加植物地上部铀的含量。由于缓释螯合剂对植物造成的毒害作用较小，植物可以在生长状况良好的条件下提取土壤中的铀，提高铀从土壤、植物地下部向上迁移的效率，所以施用缓释螯合剂处理时，植物的转运系数普遍要比施用对应的传统螯合剂时要高。施用5 mmol/kg 缓释EDTA的向日葵转运系数是施用5 mmol/kg EDTA的1.10倍、对照组的1.53倍。同样，施用缓释柠檬酸铵和缓释复合螯合剂时向日葵的转运系数也均大于施用对应的传统螯合剂，其中以施用5 mmol/kg的缓释复合螯合剂时的转运系数最大（0.43），是对照组的2.87倍。在不同螯合剂处理下，向日葵对铀的转运系数大小关系为缓释复合螯合剂＞缓释柠檬酸铵＞复合螯合剂＞柠檬酸铵＞缓释EDTA＞EDTA＞空白（对照组）。

2. 缓释螯合剂对向日葵铬含量、富集系数和转运系数的影响

施用不同螯合剂时向日葵地上部、地下部及整株的铬含量见表3.4，与对照组相比，无论是向土壤中添加传统螯合剂还是缓释螯合剂，向日葵地上部及地下部的铬含量均有所上升。因为EDTA对铬的活化能力大于柠檬酸铵，所以施用EDTA时向日葵地上部及地下部的铬含量均大于施用柠檬酸铵，施用EDTA时向日葵地上部及地下部的铬质量分数分别为34.54 mg/kg和128.58 mg/kg，是施用柠檬酸铵的1.36倍和1.12倍，是对照组的2.77倍和1.36倍。同时，复合螯合剂对铬的活化能力又大于EDTA，在传统螯合剂处理组中，向日葵地上部和地下部铬含量的大小关系为复合螯合剂＞EDTA＞柠檬酸铵；在施用缓释螯合剂组中，向日葵地上部和地下部的铬含量呈现同样的大小关系，为缓释复合螯合剂＞缓释EDTA＞缓释柠檬酸铵。

表 3.4　不同螯合剂对向日葵铬含量、富集及转运系数的影响

螯合剂	地上部铬质量分数/（mg/kg）	地下部铬质量分数/（mg/kg）	整株铬质量分数/（mg/kg）	富集系数	转运系数
空白（对照组）	12.47±2.3	94.58±1.3	20.57±0.9	0.36	0.13
5 mmol/kg EDTA	34.54±0.6	128.58±1.4	43.44±1.2	0.76	0.27
5 mmol/kg 缓释 EDTA	46.84±0.8	139.47±1.7	56.0±0.4	0.98	0.34
5 mmol/kg 柠檬酸铵	25.37±1.3	114.36±2.1	33.85±0.6	0.59	0.22
5 mmol/kg 缓释柠檬酸铵	35.33±1.1	126.67±0.4	44.84±1.3	0.79	0.28
5 mmol/kg 复合螯合剂	45.52±1.6	140.27±0.5	55.10±1.2	0.97	0.32
5 mmol/kg 缓释复合螯合剂	64.75±0.2	165.73±1.6	74.58±0.6	1.31	0.39

注：表中数据为平均值±标准差（$n=3$）

施用缓释螯合剂时，向日葵地上部和地下部的铬含量比施用对应传统螯合剂要高，表明缓释螯合剂更能促进向日葵对铬的富集与吸收。与向日葵提取土壤中的铀相似，施用以 CMC-g-CMCD 为缓释载体的缓释螯合剂能有效提高铬从向日葵的地下部向地上部迁移的效率，提高植物的转运系数。在该实验中，施用缓释螯合剂时向日葵的转运系数均大于施用对应传统螯合剂时的转运系数，其中以施用缓释复合螯合剂时向日葵对铬的转运系数最大（0.39），是施用复合螯合剂时的 1.22 倍，为对照组的 3 倍。不同螯合剂处理下的向日葵对重金属铬的转运系数大小关系为缓释复合螯合剂＞缓释 EDTA＞复合螯合剂＞缓释柠檬酸铵＞EDTA＞柠檬酸铵＞空白（对照组）。

3.4.4　对植物修复过程中地下水渗滤风险的影响

1. 缓释螯合剂对盆栽土壤中铀的淋失量和累积淋失量的影响

通过传统螯合剂和缓释螯合剂对土壤中铀、铬的盆栽淋滤实验，可以更加明确地评估传统螯合剂和缓释螯合剂在增强重金属污染土壤植物修复过程中的地下水渗滤风险。

图 3.22 为土壤渗滤液中铀的淋失浓度随淋滤次数的变化曲线。由于受盆栽向日葵的固定和提取作用的影响，在对铀、铬复合污染土壤的盆栽淋滤实验中，无论是经传统螯合剂处理还是缓释螯合剂处理，每次淋滤时铀的淋失浓度均低于 3.3.2 小节中的土柱淋滤实验，然而经传统螯合剂和缓释螯合剂处理的土壤渗滤液中铀浓度的变化规律却与土柱淋滤实验相似，施用传统螯合剂时铀的淋失浓度都要大于施用缓释螯合剂时铀的淋失浓度，而且土壤渗滤液中铀的淋失浓度也是呈先升后降的趋势。从图 3.22 中还可以看出，柠檬酸铵等传统螯合剂对土壤中铀的活化速率高于缓释螯合剂，并且它们对铀的活化速率的大小关系为柠檬酸铵＞复合螯合剂＞EDTA＞缓释柠檬酸铵＞缓释复合螯合剂＞缓释 EDTA。于是可以得出，施用缓释螯合剂来增强向日葵提取土壤中的铀，可以控制土壤溶液中有效态铀的浓度突增，避免过高浓度的铀破坏向日葵生长所需要的蛋白酶，抑制向日葵生长，还可以使向日葵对铀的提取速率与土壤中铀的活化速率相匹配，提高修复效率。

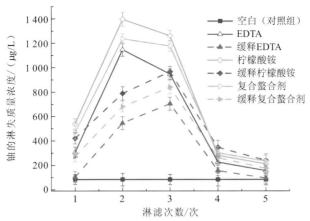

图 3.22　土壤渗滤液中铀的淋失浓度随淋滤次数的变化曲线

图 3.23 所示为土壤渗滤液中铀的累积淋失量随淋滤次数的变化曲线，实验使用 3 L 的人工配制酸雨来淋滤。由图 3.23 可知，因为柠檬酸铵对铀的活化效果要高于 EDTA，所以经柠檬酸铵处理后土壤中铀的累积淋失量最大，经过 5 次淋滤之后，铀的累积淋失量高达 10 000 μg 左右，远大于土柱淋滤的累积淋失量。这是因为用于盆栽淋滤实验的淋滤液的体积远大于土柱淋滤实验时的体积，说明降雨量越大，对地下水造成的渗滤风险也就越高。然而，经缓释柠檬酸铵处理后土壤中铀的累积淋失量却只有施用对应传统螯合剂的 2/3，经缓释复合螯合剂处理后土壤中铀的累积淋失量为施用对应传统螯合剂的 5/8，经缓释 EDTA 处理后土壤中铀的累积淋失量为施用对应传统螯合剂的 4/7。由此可见，当遇到降雨量大的雨季时，相对传统螯合剂，通过缓释螯合剂增强向日葵修复铀、铬复合污染土壤带来的地下水渗滤风险更低。

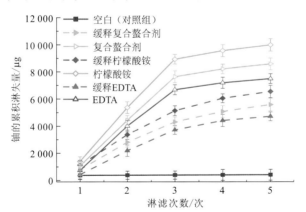

图 3.23　土壤渗滤液中铀的累积淋失量随淋滤次数的变化曲线

2. 缓释螯合剂对盆栽土壤中铬的淋失浓度和累积淋失量的影响

图 3.24 所示为向日葵盆栽实验情况下施用传统螯合剂和缓释螯合剂时，铀、铬复合污染土壤渗滤液中铬的淋失浓度随淋滤次数的变化曲线，无论施用传统螯合剂还是缓释螯合剂，在第三次淋洗时，渗滤液中铬的淋失浓度都达到峰值。此时，经过传统螯合剂 EDTA 处理的铬淋失质量浓度最高，为 650 μg/L，而施用缓释 EDTA 处理的铬淋失质量

浓度为 280 μg/L；施用复合螯合剂的铬淋失质量浓度为 550 μg/L，施用缓释复合螯合剂的铬淋失质量浓度为 250 μg/L；施用柠檬酸铵的铬淋失质量浓度为 440 μg/L，施用缓释柠檬酸铵的铬淋失质量浓度为 190 μg/L。由此可知，施用传统螯合剂来增强植物修复铀、铬复合污染土壤时，土壤每次淋滤时的渗滤液中铬的淋失量都要比施用缓释螯合剂时高。不同螯合剂处理下向日葵修复复合污染土壤时，每次淋滤时土壤中铬的淋失浓度的大小关系为 EDTA＞复合螯合剂＞柠檬酸铵＞缓释 EDTA＞缓释复合螯合剂＞缓释柠檬酸铵。

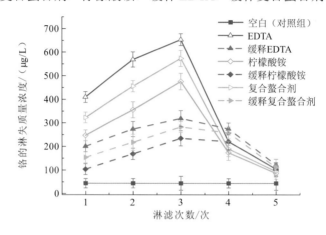

图 3.24　土壤渗滤液中铬的淋失浓度随淋滤次数变化曲线

图 3.25 所示为盆栽实验下施用传统螯合剂和缓释螯合剂时，土壤中铬的累积淋失量随淋滤次数的变化曲线。由图 3.25 可知，在盆栽模拟酸雨淋滤过程中，施用传统螯合剂时渗滤液中铬的累积淋失量要高于施用缓释螯合剂时铬的累积淋失量。因为 EDTA 对铬的活化能力要高于柠檬酸铵，所以在对施用 EDTA 的盆栽淋滤实验中，铬的累积淋失量最大，经过 5 次淋滤之后高达 5 900 μg。不同螯合剂处理后盆栽土壤中铬的累积淋失量大小关系为 EDTA＞复合螯合剂＞柠檬酸铵＞缓释 EDTA＞缓释复合螯合剂＞缓释柠檬酸铵，与土柱的动态淋滤实验结果一致。由此可得出，使用缓释螯合剂代替传统螯合剂可以避免传统螯合剂在植物修复过程中的重金属地下水渗滤风险，避免将土壤的重金属污染转移到地下水，达到科学修复重金属污染土壤的目的。

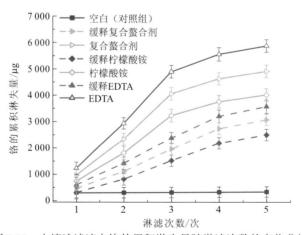

图 3.25　土壤渗滤液中铬的累积淋失量随淋滤次数的变化曲线

参 考 文 献

白洁, 孙学凯, 王道涵, 等, 2005. 土壤重金属污染及植物修复技术综述. 生态环境, 28(3): 49-51.

蔡秋玲, 林大松, 王果, 等, 2016. 不同类型水稻镉富集与转运能力的差异分析. 农业环境科学学报, 35(6): 1028-1033.

胡亚虎, 魏树和, 周启星, 等, 2010. 螯合剂在重金属污染土壤植物修复中的应用研究进展. 农业环境科学学报, 29(11): 2055-2063.

胡亚男, 2009. 环糊精接枝壳聚糖衍生物的合成及性能研究. 沈阳: 沈阳药科大学.

蒋挺大, 2003. 甲壳素. 北京: 化学工业出版社.

梁连东, 冯志刚, 2014. 湖南某铀尾矿库中铀的赋存形态及其活性研究. 环境污染与防治, 36(2): 11-14.

曲丹阳, 张立国, 2017. 壳聚糖对镉胁迫下玉米幼苗根系生长及叶片光合的影响. 生态学杂志, 36(5): 1300-1309.

苏峰丙, 2018. 含磷化合物对尾矿污染土壤铀及伴生重金属钝化的应用基础研究. 绵阳: 西南科技大学.

谭海娜, 姚鑫, 2013. 乙二醇壳聚糖接枝羧甲基-β-环糊精用于运载疏水性抗癌药物甲氨蝶呤. 中国科学院研究生院学报, 30(2): 59-64.

王希群, 郭少华, 2008. 壳聚糖生产肥料的原理、工艺及其在农业上的应用研究. 山东农业科学, 8: 75-80.

王晓明, 吕海霞, 2015. β-环糊精接枝羧甲基壳聚糖吸附剂的制备及其性能. 环境工程学报, 9(5): 2237-2242.

谢宇, 尚晓娴, 颜流水, 2009. 羟丙基壳聚糖纳米微球的制备及其缓释效果. 应用化学, 26(2): 193-197.

谢志宜, 陈能场, 2012. 缓释微胶囊 EDTA 强化玉米提取土壤中铅铜的效应研究. 生态环境学报, 21(6): 1125-1130.

严莉, 李龙山, 倪细炉, 等, 2016. 5 种湿地植物对土壤重金属的富集转运特征. 西北植物学报, 36(10): 2078-2085.

翟明翚, 刘发强, 苏立强, 等, 2012. 羧甲基-β-环糊精的制备及表征. 化工时刊, 26(2): 18-20.

张贵芹, 赵丽瑞, 刘满英, 2006. O-羧甲基壳聚糖的制备及波谱分析. 光谱实验室, 23(4): 658-661.

朱德艳, 2009. 环糊精在农业生产及食品行业上的应用. 农产食品科技(3): 62-64.

CHABALALA S, CHIRWA E M N, 2010. Uranium(VI) reduction and removal by high performing purified anaerobic cultures from mine soil. Chemosphere, 78: 52-55.

CHEN L, TIAN Z, DU Y, 2004. Synthesis and pH sensitivity of carboxymethyl chitosan-based polyampholyte hydrogels for protein carrier matrices. Biomaterials, 25(17): 3725-3732.

CHEN Y X, LIN Q, LUO Y M, et al., 2003. The role of citric acid on the phytoremediation of heavy metal contaminated soil. Chemosphere, 50(6): 807-811.

DUQUÈNE L, VANDENHOVE H, TACK F, et al., 2009. Enhanced phytoextraction of uranium and selected heavy metals by Indian mustard and ryegrass using biodegradable soil amendments. Science of the Total Environment, 407(5): 1496-1505.

FINE P, PARESH R, BERIOZKIN A, et al., 2014. Chelant-enhanced heavy metal uptake by *Eucalyptus* trees under controlled deficit irrigation. Science of the Total Environment, 493(5): 995-1005.

GUNDOGDU E, ILEM-OZDEMIR D, EKINCI M, et al., 2015. Radiolabeling efficiency and cell incorporation of chitosan nanoparticles. Journal of Drug Delivery Science and Technology, 29: 84-89.

HUANG S S, LIAO Q L, HUA M, et al., 2007. Survey of heavy metal pollution and assessment of agricultural soil in Yangzhong district, Jiangsu Province, China. Chemosphere, 67(11): 2148-2155.

KIM G N, KIM I, KIM S S, et al., 2016. Removal of uranium from contaminated soil using indoor electrokinetic decontamination. Journal of Radioanalytical and Nuclear Chemistry, 309: 1175-1181.

KONO H, TESHIROGI T, 2015. Cyclodextrin-grafted chitosan hydrogels for controlled drug delivery. International Journal of Biological Macromolecules, 72: 299-308.

KOS B, LESTAN D, 2004. Chelator induced phytoextraction and in situ soil washing of Cu. Environmental Pollution, 132(2): 333-339.

LAN J, ZHANG S, LIN H, et al., 2013. Efficiency of biodegradable EDDS, NTA and APAM on enhancing the phytoextraction of cadmium by *Siegesbeckia orientalis* L. grown in Cd-contaminated soils. Chemosphere, 91(9): 1362-1367.

LI H F, WANG Q G, CUI Y S, et al., 2005. Slow release chelate enhancement of lead phytoextraction by corn (*Zea mays* L.) from contaminated soil: A preliminary study. Science of the Total Environment, 339(1-3): 179-187.

LI J, ZHANG Y, 2012. Remediation technology for the uranium contaminated environment: A review. Procedia Environmental Sciences, 13: 1609-1615.

LUO C, SHEN Z, LI X, 2005. Enhanced phytoextraction of Cu, Pb, Zn and Cd with EDTA and EDDS. Chemosphere, 59: 1-11.

LUO W D, ANGELO E M, COYNE M S, 2007. Plant secondary metabolites, biphenyl, and hydroxypropyl-β-cyclodextrin effects on aerobic polychlorinated biphenyl removal and microbial community structure in soil. Soil Biology and Biochemistry, 39(3): 735-743.

MALAVIYA P, SINGH A, 2012. Phytoremediation strategies for remediation of uranium-contaminated environments: A review. Critical Reviews in Environmental Science and Technology, 42: 2575-2647.

MEERS E, TACK F M G, VERLOO M G, 2008. Degradability of ethylenediaminedisuccinic acid (EDDS) in metal contaminated soils: Implications for its use soil remediation. Chemosphere, 70: 358-363.

NEUGSCHWANDTNER R W, ZHANG W, LO I, et al., 2008. Phytoextraction of Pb and Cd from a contaminated agricultural soil using different EDTA application regimes: Laboratory versus field scale measures of efficiency. Geoderma, 144(3): 446-454.

PAN Z Z, GIAMMAR D E, MEHTA V, et al., 2016. Phosphate-induced immobilization of uranium in Hanford sediments. Environmental Science & Technology, 50: 13486-13494.

PRABAHARAN M, MANO J F, 2005. Hydroxypropyl chitosan bearing beta-cyclodextrin cavities: Synthesis and slow release of its inclusion complex with a model hydrophobic drug. Macromolecular Bioscience, 5 (10): 965-973.

PRABAHARAN M, GONG S, 2008. Novel thiolated carboxymethyl chitosan-g-β-cyclodextrin as mucoadhesive hydrophobic drug delivery carriers. Carbohydrate Polymers, 73(1): 117-125.

RADU C D, PARTENI O, OCHIUZ L, 2016. Applications of cyclodextrins in medical textiles: Review. Journal of Controlled Release, 224: 146-157.

RADU A D, PANTURU E, WOINAROSCHY A, et al., 2015. Experimental design and process optimization for uranium polluted soils decontamination by acid washing. Water, Air, & Soil Pollution, 226: 1-11.

SARKAR D, ANDRA S S, SAMINATHAN S K M, et al., 2008. Chelant-aided enhancement of lead mobilization in residential soils. Environmental Pollution, 156: 1139-1148.

SHAHANDEH H, HOSSNER L R, 2002. Role of soil properties in phytoaccumulation of uranium. Water, Air, & Soil Pollution, 141: 165-180.

SHIBATA M, KONNO T, AKAIKEK R, et al., 2007. Phytoremediation of Pb contaminated soil with polymer-coated EDTA. Plant and Soil, 290: 201-208.

TESSIER A, CAMPBELL P G C, BISSON M, 1979. Sequential extraction procedure for the speciation of particulate trace metals. Analytical Chemistry, 51(7): 844-851.

VALLE E M M D, 2004. Cyclodextrins and their uses: A review. Process Biochemistry, 39(9): 1033-1046.

WU L H, LUO Y M, XING X R, et al., 2004. EDTA-enhanced phytoremediation of heavy metal contaminated soil with Indian mustard and associated potential leaching risk. Agriculture Ecosystems & Environment, 102(3): 307-318.

XIE Z Y, WU L H, CHEN N C, et al., 2012. Phytoextraction of Pb and Cu contaminated soil with maize and microencapsulated EDTA. International Journal of Phytoremediation, 14(8): 727-740.

YOUCIAN Y, CHENGNIAN G, DUXI Z, 1993. Effects of heavy metal ions on larval *Penaeus chinensis* and comparative study on their elimination methods. Acta Oceanologica Sinica, 12(2): 285-293.

ZHENG Y M, ZHONG W, PENG X Y, et al., 2009. Chemical characteristics of rainwater at Yunfu City in Guangdong Province. Journal of South China Normal University(Natural Science Edition), 1: 111-115.

第4章　生物炭复合材料在铀污染土壤修复中的稳定化作用

　　核能的广泛应用对铀矿开采需求增加，留下的尾矿和废渣不可避免地会向环境中释放一定量的铀，从而导致周围土壤受到放射性核素铀污染。尾矿库矿渣与废石中的铀能够通过溶解和脱附的方式进入土壤，由于土壤是一种固定、稳定的介质体系，进入土壤中的污染物相对于大气和水体具有稳定性和不易迁移性，但该特性使土壤中的污染物能够保持长期毒性，将持续被动植物吸收，危害生态安全。铀作为一种锕系元素，半衰期长达几百万至数十亿年，危害更具有长期和隐蔽性。铀矿开采通常伴随着一些伴生性重金属的释放，如 Cd、Cr、Hg、Pb、Cu 和 Zn 等（Meybeck et al.，2007），这些重金属通常通过自然和人为的方式进入环境。因此，在铀尾矿污染土壤中，伴生重金属污染的问题不容轻视，迫切需要对铀污染土壤进行修复，以保护生态安全。

　　目前，铀污染土壤的修复主要采用物理、化学和生物方法（Li et al.，2012）。近年来，基于植物和微生物的土壤修复方法相继被报道。例如，Wetle 等（2020）发现了木本植物扁果菊能够适应索诺兰沙漠环境，具有很强的积累能力。重要的是，扁果菊在根部积聚铀，而不是在地面上，因此，可以减少对铀进入食物链的担忧。Tang 等（2009）也对铀的超积累植物进行了研究，发现艾蒿对铀的积累能力较强，艾蒿的地上部铀积累量可达 1 115 mg/kg。此外，印度芥菜、向日葵和车前草也显示出对铀的高浓缩性能（Shtangeeva，2021）。然而，大多数超积累植物主要以地上部富集为主，这增加了铀向食物链转移的风险。另外，一些植物修复技术需要添加昂贵的螯合剂来提高植物根系对铀的吸收，从而增加了成本（Jagetiya et al.，2013）。微生物对 U(VI) 的还原作用也是降低铀酰离子在土壤中迁移的重要途径，苏云金芽孢杆菌可以强化磷酸盐表面的羧甲基和氨基官能团，增强磷酸盐对 UO_2^{2+} 的吸附（Jiang et al.，2020）。此外，Choudhary 等（2011）发现铜绿假单胞菌可以与铀酰离子结合，铀以针状铀-磷酸盐矿物的形式沉积在细胞包膜内。但是，微生物修复技术对微生物的生长环境有严格的要求，限制了其大规模应用。

　　固化/稳定化技术是土壤原位修复技术的一种，是指向土壤中投加土壤改良剂，改良剂表面的官能团和盐基离子与土壤中游离的铀和重金属离子发生一系列的化学作用，比如配位、还原、沉淀和离子交换，从而将高活性态的铀和重金属离子固定在土壤中（Wang et al.，2019）。固化/稳定化技术具有操作简单和绿色环保的优点，但改良剂的选择是其成本问题的关键。铁基材料和羟基磷灰石等在土壤修复中的应用有过报道（Baker et al.，2019；Jing et al.，2016），但成本较高难以推广。作为碳族材料之一的生物炭，其表面有丰富的官能团、能够开发的多孔结构，吸附铀和重金属的效率高，且制备成本低廉，近年来逐渐成为吸附固定土壤中放射性核素铀的热门材料（Alam et al.，2018；Nelissen et al.，2014）。

生物炭的主官能团骨架与客体核素之间具有很强的亲和力，亲和力的大小对有效去除放射性核素至关重要。增强结合亲和性的非共价相互作用包括络合、静电相互作用和化学还原（Xie et al., 2019）。但生物炭经过高温碳化后，失去了一些结合力强的官能团（如羟基、羧基、羰基）。因此，单一生物炭通常表现出较差的吸附性能，为了获得表面性能优良的新型生物炭结构，化学改性可以提高修复效率。磷改性生物炭可以在生物炭表面添加含磷官能团（P—CH$_3$、P—OH、Si—O—P），这些官能团可以与铀酰离子发生反应，生成高度稳定的化合物，即磷酸铀酰（MUO$_2$PO$_4$，M 为 Na$^+$、K$^+$或 NH$_4^+$）（Foster et al., 2020）。磷酸盐与铀和重金属的表面络合和矿化可以使铀酰离子和活性重金属离子失活（Kong et al., 2020）。另外，磷酸盐活化可通过脱水、环化、缩合等方式促进生物炭形成新的微孔和中孔，从而增加比表面积（Cheng et al., 2014）。层状双金属氧化物（layered double hydroxide, LDH）是一种层状阴离子化合物，由非共价键组合而成，带正电荷的主层状分子与非骨架层间阴离子之间的相互作用构成了 LDH 的分子体系（Zou et al., 2016）。由于有丰富的羟基和层间阴离子，LDH 可以诱导铀酰离子的表面沉淀。然而，LDH 表面致密的层状堆积结构可能限制其吸附性能，生物炭具有较大的比表面积，是负载 LDH 的良好载体。

本章主要介绍一种磷改性生物炭交联双金属氧化物（PBC@LDH）的制备方法，分析固化稳定剂与重金属之间的相互作用，揭示固化稳定剂对污染土壤中重金属的固化稳定作用及机制，评估固化稳定处理后植物对污染土壤中生物富集性风险。

4.1 生物炭复合材料 PBC@LDH 的制备表征及特性

4.1.1 制备及表征

1. PBC@LDH 的制备

将竹子在烘箱中烘干至质量恒定，随后置于真空管式高温烧结炉中以 700℃热解，其间通氮气，通量为 80～100 mL/min，升温速率为 10℃/min。制备成功的原始生物炭标记为"BC"。磷改性生物炭（标记为"PBC"）的制备方法参照 Zhang 等（2017）的报道，简而言之，将干燥且破碎后的竹子生物质与 250 mL 质量浓度为 0.294 mol/L 的 KH$_2$PO$_4$溶液混合（生物质与 KH$_2$PO$_4$固体的质量比为 1:2），随后将混合物在 25℃下振荡 12 h，真空干燥至质量恒重，最后进行热解，热解方法与生物炭的制备条件相同。

磷改性生物炭交联双金属氧化物复合材料（标记为"PBC@LDH"）的制备方法参照 Zheng 等（2020）的报道。将 20 g 制备成功的 PBC 与 250 mL 0.08 mol/L AlCl$_3$·6H$_2$O 和 0.24 mol/L MgCl$_2$·6H$_2$O 混合溶液充分混合（m/v=1:12）（该混合物标记为"混合液 A"），之后将混合液 A 置于摇瓶中振荡 24 h。随后，用 1 mol/L 的 NaOH 溶液调节混合液 A 的 pH 至 10（标记为"混合液 B"），混合液 B 置于水浴锅中用共沉淀的方法在 90℃的温度下孵育 10 h 左右，直至混合液 B 中水分被蒸干。之后用超纯水清洗 3 次，直至上清液

pH 为中性，最后真空干燥得到最终材料。BC、PBC 和 PBC@LDH 在制备完成后置于研钵中研磨，过 100 目筛，密封保存以备用。

2. PBC@LDH 的表征分析

1）pH 与 EC

BC、PBC 和 PBC@LDH 的 pH 与电导率（electrical conductivity，EC）等见表 4.1。BC 的 pH 为 9.81，PBC 的 pH 略有下降（9.77），这可能是因为改性的 PBC 增加了酸性官能团（Sahin et al.，2017）。PBC@LDH 的 pH 升至 11.36，远远大于 BC 和 PBC，这可能是由于在制备 PBC@LDH 的过程中引入了大量的 OH^-。PBC@LDH 的 EC 值为 11.23 mS/cm，远远大于 BC（1.02 mS/cm）和 PBC（2.36 mS/cm），这归因于 LDH 的负载引入了大量的盐基离子（如 Mg^{2+}、Al^{3+} 和 Na^+）。

表 4.1　未改性和改性生物炭的基本性质

样品	pH	EC/（mS/cm）	BET 比表面积/（m²/g）	总孔容/（cm³/g）	平均孔径/nm
BC	9.81±0.02	1.02±0.12	10.31	0.031	6.423
PBC	9.77±0.01	2.36±0.87	489.87	0.208	1.697
PBC@LDH	11.36±0.02	11.23±1.89	445.17	0.236	2.124

2）BET 分析

图 4.1 所示为三种生物炭的 N_2 吸脱附等温线和孔径分布。由表 4.1 可知，PBC 和 PBC@LDH 的 BET 比表面积分别为 489.87 m²/g 和 445.17 m²/g，显著高于 BC 的 BET 比表面积（10.31 m²/g）。除此之外，PBC 和 PBC@LDH 的总孔容分别为 0.208 m³/g 和 0.236 m³/g，约为 BC 的 7 倍（0.031 m³/g）。这些发现可以归因于在用磷酸盐浸渍的生物质的热解过程中，磷酸盐会分解含氧酸和一些自由基（如 K^+ 和 H^+）。这可能促进了碳化过程，并且在碳化过程中产生的挥发物可能形成了微孔和中孔，该设想对应于 PBC（1.697 nm）和 PBC@LDH（2.124 nm）的平均孔径比 BC（6.423 nm）小得多。另一方面，在活化过程中，脱水磷酸盐产生的肌醇可以与生物炭基质交联，这对防止碳骨架的塌陷是有益的（Hu et al.，2020；Zhou et al.，2017）。值得注意的是，在 PBC 和 LDH 交联后，BET 比表面积略有下降。这可能是因为较小尺寸的 AlOOH 和 Al_2O_3 可以进入 PBC 的孔隙中，而含 Mg 化合物可能沉淀在 PBC 的表面上以增加表面粗糙度，从而避免孔填充和 BET 比表面积急剧下降（Liao et al.，2018）。

3）元素分析

三种生物炭的元素分析见表 4.2。由表 4.2 可知，与 BC 相比，改性后的 PBC 和 PBC@LDH 中的碳元素占比分别降低了 7.02% 和 24.52%。相反，在 PBC 和 PBC@LDH 中，相应的 O 元素占比分别增加了 1.61% 和 6.39%。同时，PBC@LDH 中的 H 元素占比为 2.15%，高于 BC（1.64%）和 PBC（1.55%）。这表明通过改性降低了生物炭的芳香度，但是可以增加氢和氧官能团的含量（Li et al.，2020）。另外，KH_2PO_4 可以与木质素和纤维素反应以加速其催化降解，从而抑制碳的形成。

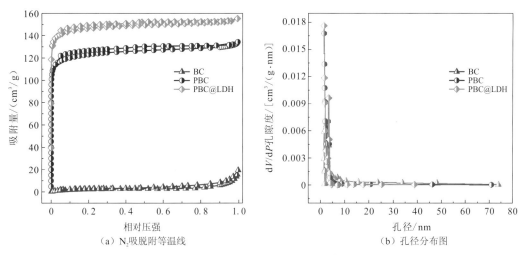

(a) N₂吸脱附等温线 (b) 孔径分布图

图 4.1 BC、PBC 和 PBC@LDH 的 N₂ 吸脱附等温线和孔径分布图

表 4.2 BC、PBC 和 PBC@LDH 的元素分析

样品	元素占比/%							
	C	H	O	N	S	H/C	O/C	（O+N）/C
BC	84.86	1.64	3.98	0.38	0.17	0.019	0.047	0.051
PBC	77.84	1.55	5.59	0.32	0.16	0.020	0.072	0.076
PBC@LDH	60.34	2.15	10.37	0.32	0	0.036	0.172	0.177

4）红外分析

三种生物炭的红外光谱见图 4.2。对于 PBC 和 PBC@LDH，最明显的特征峰出现在 3 458 cm⁻¹ 和 3 387 cm⁻¹ 处，这与醇的羟基—OH 拉伸振动相对应。在 1 540 cm⁻¹ 和 1 370 cm⁻¹ 处的拉伸振动峰归因于羧基—COOH 和烷氧羰基—COO。然而，这些官能团在 BC 的光谱中未观察到，这可能是磷酸盐活化和 LDH 的引入增强了 BC 中糖苷的裂解导致的（Zhang et al.，2019）。PBC@LDH 中位于 2 357 cm⁻¹ 和 1 632 cm⁻¹ 处的峰分别对应于炔烃 C≡C 和羰基 C=O（Claoston et al.，2014）。三种材料在 1 043 cm⁻¹ 处的峰对应于烷氧基 C—O—C 的拉伸，表明未改性和改性的生物炭均具有较高的芳香性。值得注意的是，PBC 和 PBC@LDH 在 842~885 cm⁻¹ 处出现连续振动，这意味着成功地接枝了 P—O 或 P—CH₃ 基团。这可能是由于 P⁺—O⁻产生了新电离键及磷酸盐链的振动（Puziy et al.，2002）。同时，PBC@LDH 在 610 cm⁻¹ 处新产生的强峰对应于 Mg—O 或 Al—O 官能团（Yang et al.，2018），从而证明了—metal—O 成功地交联在生物炭基体上。

5）XRD 分析

图 4.3 所示为 BC、PBC、Mg-Al LDH 和 PBC@LDH 的 XRD 谱图。如图 4.3（a）所示，对于 BC 和 PBC，位于 22°和 42°附近宽而强的衍射峰分别对应于生物炭中无定形碳微晶的有机组分和(100)晶面（Teng et al.，2020a；Keiluweit et al.，2010）。同时，属于无定形和无序碳的峰在 PBC 中明显减少但没有消失，表明磷酸盐修饰促进了碳结构的分解（Husnain et al.，2017）。PBC 中位于 26.53°的弱峰对应于 KPO₃（JCPDS PDF

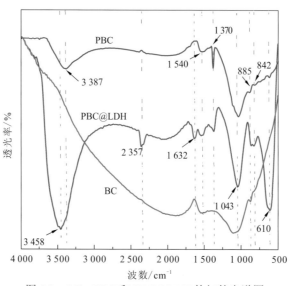

图 4.2　BC、PBC 和 PBC@LDH 的红外光谱图

72-0499）。但是，未发现磷酸盐的其他强布拉格衍射峰，这表明 KH_2PO_4 在竹子生物炭上的结晶度较差。LDH 和 PBC@LDH 在 11.065°、22.328°、34.295°、38.681°、45.72°、60.75° 和 62.1° 处的衍射峰[图 4.3（b）]分别属于(003)、(006)、(101)、(015)、(018)、(110) 和(113)晶面，其为典型的水滑石 $Mg_{0.67}Al_{0.33}(OH_2)(CO_3)_{0.167}(H_2O)_{0.5}$（JCPDS PDF 89-0460）晶体结构（Han et al.，2020）。PBC@LDH 复合材料的水滑石峰位置与 LDH 一致，且在 PBC@LDH 中还观察到其他非典型衍射峰，分别位于 56.32°、75.15° 和 66.09°，前两个峰对应 $MgAl_2O_4$（JCPDS PDF 73-1959），第三个峰对应 Al_2O_3（JCPDS PDF 10-0425）。上述结果表明 LDH 在 PBC 基质上成功结晶。

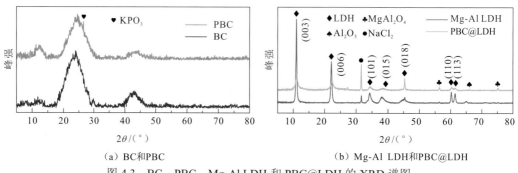

（a）BC和PBC　　　　　　　　（b）Mg-Al LDH和PBC@LDH

图 4.3　BC、PBC、Mg-Al LDH 和 PBC@LDH 的 XRD 谱图

6）SEM-EDS 和 TEM-EDS 分析

未改性和改性的生物炭的形态特征和能谱分析见图 4.4。如图 4.4（a）所示，竹子生物炭的表面呈现碎片-鳞片状形态。先前的研究发现竹子生物炭表面的孔隙是由碎裂引起的，这些孔隙是热解过程中水蒸气和挥发性化合物向表面输送而形成的通道（Lyu et al.，2020）。但是，在本小节研究中，BC 的大部分气孔被其片状结构所阻塞，这可能与竹子质地坚硬有关。与 BC 相比，PBC 表面的孔结构显著增加，而且已经形成了中孔和大孔结构[图 4.4（b）]，这可能归因于磷酸盐活化后生物质的软化。PBC@LDH 复合材料的

SEM 图[图 4.4（c）]显示，其表面失去了一些明显的边缘和棱角，比其他两种生物炭更加粗糙。一些颗粒状和片状化合物也已经积累，并以层状结构堆叠在一起。在先前的研究中，生物炭与 Mg-Al LDH 交联后的表面被包含 AlOOH、Al(OH)$_3$、Mg(OH)$_2$、MgAl$_2$O$_4$ 和 Al$_2$O$_3$ 的化合物覆盖（Jung et al.，2015）。能谱分析[图 4.4（f）]显示，PBC@LDH 复合材料表面的 Mg 和 Al 元素的质量占比分别为 4.21% 和 1.41%，这可以证明表面附着的是 Mg-Al 金属化合物。相反，在 BC[图 4.4（d）]和 PBC[图 4.4（e）]的能谱中未观察到 Mg 和 Al 元素的峰，表明 Mg-Al LDH 负载成功。

（a）BC的SEM图　　　　（b）PBC的SEM图　　　　（c）PBC@LDH的SEM图

元素	质量分数/%	原子百分数/%
C	96.07	97.55
O	2.71	2.06
K	1.15	0.36

（d）BC的EDS图

元素	质量分数/%	原子百分数/%
C	89.78	91.25
O	7.12	6.14
P	1.25	1.01

（e）PBC的EDS图

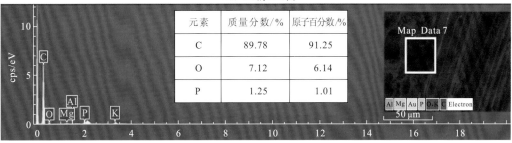

元素	质量分数/%	原子百分数/%
C	74.81	81.92
O	17.42	14.32
Mg	4.21	2.32
Al	1.41	0.78
Cl	1.12	0.81

（f）PBC@LDH的EDS图

图 4.4　BC、PBC 和 PBC@LDH 的 SEM 及 EDS 图

TEM 图可用于研究磷酸盐改性后生物炭的表面微观结构发生的变化。由图 4.5（a）可知，BC 表面非常光滑，具有棱角和尖角的立方体结构，而未观察到微孔和中孔结构。相反，PBC 呈现出相对粗糙的表面，并显现出明显的腐蚀层面。此外，通过 TEM 分析证实，PBC 表面已经形成了许多新的孔［图 4.5（b）］。对分布在 PBC 表面的颗粒进行 EDS 分析，结果如图 4.5（f）所示。分布在 PBC 之上的颗粒主要是碳基体的一部分，附着的 P（质量分数为 1.99%）和 K（质量分数为 1.63%）化合物，表明磷改性成功。PBC@LDH 复合材料的 TEM 图［图 4.5（c）］显示片状和层状结构在其表面上分布。有趣的是，在与 LDH 交联后，棒状纳米颗粒分布在 PBC@LDH 上。在 EDS 分析结果中，纳米颗粒的 Mg 和 Al 能谱峰很明显［图 4.5（g）］，质量比约为 3∶1。因此，可以推断出这些纳米颗粒对应于 Mg-Al LDH 在 PBC 表面的沉积。LDH 的棒状形态不同于先前研究中提到的颗粒形状（Alagha et al.，2020）。这可能归因于带负电的 PO_4^{3-} 的存在，PO_4^{3-} 会促进阳离

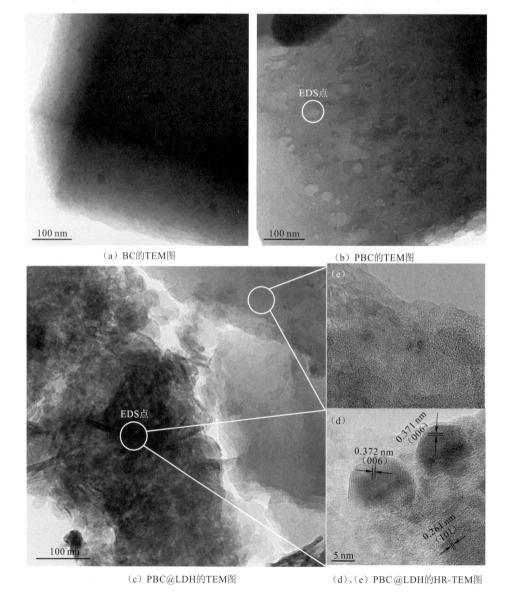

（a）BC的TEM图　　　　　　　　　　（b）PBC的TEM图

（c）PBC@LDH的TEM图　　　　　　　（d）、（e）PBC@LDH的HR-TEM图

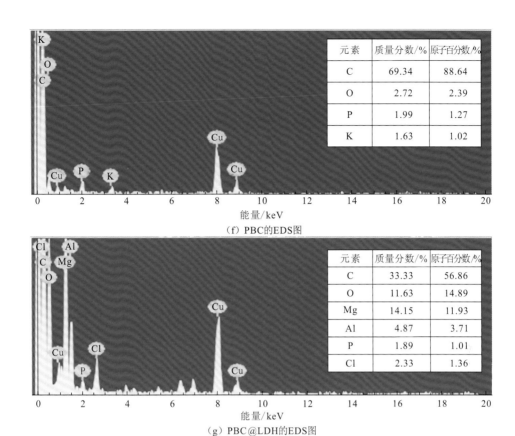

元素	质量分数/%	原子百分数/%
C	69.34	88.64
O	2.72	2.39
P	1.99	1.27
K	1.63	1.02

（f）PBC的EDS图

元素	质量分数/%	原子百分数/%
C	33.33	56.86
O	11.63	14.89
Mg	14.15	11.93
Al	4.87	3.71
P	1.89	1.01
Cl	2.33	1.36

（g）PBC@LDH的EDS图

图 4.5　BC、PBC 和 PBC@LDH 的 TEM 图，PBC@LDH 的 HR-TEM 图，
以及 PBC 和 PBC@LDH 的 EDS 图

子 Mg-Al 化合物的团聚。高分辨率透射电镜（high resolution-transmission electron microscope，HR-TEM）图［图 4.5（d）］显示了 Mg-Al LDH 堆积在 PBC 内，表明 PBC@LDH 表面上已经形成粒径约为 15 nm、结晶良好的六边形异质纳米结构。同时，图 4.5（d）显示该区域中形成了具有明确定义的晶格条纹，例如，0.372 nm 和 0.261 nm 的晶面间距分别对应于 LDH 的(006)和(101)晶面（Tan et al.，2016）。该结果基本上与 XRD 图样中的 PDF 卡片标准库（JCPDS PDF 89-0460）一致（$d_{(006)}$=0.379 nm，$d_{(101)}$=0.262 nm）。然而，在 PBC@LDH 的 TEM 图边缘的浅灰色区域［图 4.5（e）］未观察到晶格条纹，这可能对应生物炭的非晶碳结构（Liu et al.，2016）。这种现象进一步证实了 Mg-Al LDH 在碳基质上的成功沉淀。

7）TG-DTG 分析

　　BC、PBC 和 PBC@LDH 的热重（hermal gravity，TG）曲线和差示热重（differential thermal gravity，DTG）曲线见图 4.6。由图 4.6（a）可知，BC、PBC 和 PBC@LDH 的质量分别在 76 ℃、76 ℃和 110 ℃时损失了 0.89%、4.12%和 9.31%，该阶段的质量损失主要对应于生物炭吸附水的蒸发。而 PBC@LDH 和 PBC 所丧失的吸附水质量明显高于 BC，这主要得益于 PBC 和 PBC@LDH 多孔结构的增加，提高了吸附水的储量（Cuong et al.，2021），改性后 PBC 和 PBC@LDH 的 BET 比表面积大大增加证实了这一点。PBC 在 166～235 ℃出现第二阶段的质量损失，质量损失为 1.01%，这表明磷酸盐预处理加速了键裂反应，从而导致挥发物的早期释放（Cheng et al., 2014）。PBC@LDH 在 267～374 ℃出现第二阶段的质量损失，质量损失为 2.6%，对应于生物炭表面 LDH 的脱羟基作用和层状结构的分解（Meili et al., 2019）。PBC 和 PBC@LDH 在 735～931 ℃出现第三阶段的质量损失，质量损失分别为 6.05%和 6.42%，该阶段的质量损失对应于生物炭中纤维素、半纤维素和木质素的分解。根据以往研究可知，*Macauba* 生物炭纤维素结构的分解主要分布在 297～400 ℃（Guilhen et al., 2019b）；玉米秸秆生物炭在 200～550 ℃丧失了大量木制纤维素结构（Das et al., 2021），而本小节竹子生物炭碳纤维主体结构的降解发生在 700 ℃之后，这表明竹子生物炭具有质地坚硬的特性，该分析与 SEM 表征结论可对应。与 PBC 和 PBC@LDH 相反，BC 在 700 ℃之后的热重曲线未平衡，图 4.6（b）中 BC 在 700 ℃之后向下的峰未形成，该现象表明 BC 中的纤维素在 700～1 000 ℃未能降解完全，但磷酸盐改性能够活化生物质，促进纤维素结构的降解，有益于孔隙结构的形成。

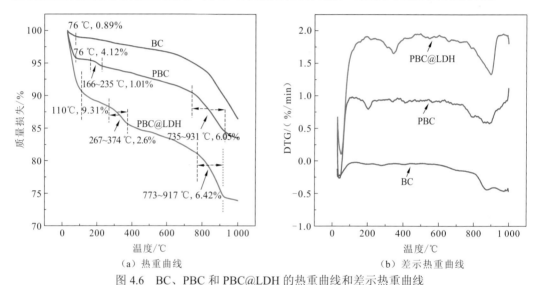

（a）热重曲线　　　　　　　　　　　（b）差示热重曲线

图 4.6　BC、PBC 和 PBC@LDH 的热重曲线和差示热重曲线

4.1.2　对铀的吸附性能及作用机制

1. 吸附动力学

BC、PBC 和 PBC@LDH 对 U(VI)的吸附动力学拟合曲线见图 4.7。三种吸附剂对 U(VI)的吸附速率在起初的 60 min 内迅速增加，在 120 min 后趋于平稳。这归因于在吸附的初始阶段，由于配位和瞬时电子转移促进了吸附的进行（Xie et al., 2019）。之后，吸附剂表面的吸附位点逐渐饱和，U(VI)进入吸附剂内部的吸附点位，内部扩散过程限制了吸附速率和氧化还原效率（Pang et al., 2019）。

准一级和准二级吸附动力学模型的拟合参数如表 4.3 所示。用准二级吸附动力学模型描述三种材料对 U(VI)的吸附过程（$R_2^2 > R_1^2$）最佳，表明吸附过程由化学吸附主导。PBC 和 PBC@LDH 对 U(VI)的吸附容量（q_e）比 BC 高约 12 倍，表明改性生物炭对铀的吸附容量已大大提高。这些结果表明，与 BC 相比，PBC 和 PBC@LDH 对 U(VI)的亲和力更大（Fan et al., 2020）。

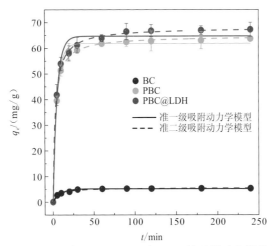

图 4.7 BC、PBC 和 PBC@LDH 对 U(VI)的吸附动力学拟合曲线

表 4.3 BC、PBC 和 PBC@LDH 吸附 U(VI)的动力学参数

吸附剂	准一级动力学模型			准二级动力学模型		
	$q_e/(mg/g)$	K_1/min^{-1}	R_1^2	$q_e/(mg/g)$	$K_2/(g/mg·min)$	R_2^2
BC	5.127	0.111	0.978	5.468	0.032	0.993
PBC	61.846	0.190	0.994	64.705	0.005	0.998
PBC@LDH	64.666	0.189	0.983	67.978	0.005	0.998

2. 吸附等温线

采用朗缪尔（Langmuir）模型和弗罗因德利希（Freundlich）模型描绘原始和改性生物炭对 U(VI)的等温吸附特性（图 4.8），表 4.4 所示为两个模型的拟合参数。三种吸附剂对 U(VI)的吸附等温线均为"L"形，随时间延长逐渐稳定在其平衡浓度。与 Freundlich 模型（$R_2^2 = 0.934 \sim 0.950$）相比，Langmuir 模型（$R_1^2 = 0.973 \sim 0.988$）可以更好地拟合三种生物炭对 U(VI)的吸附过程，该现象表明 U(VI)几乎是单层吸附在生物炭之上，离子交换和氢键结合完成了单层覆盖过程（Li et al.，2018）。拟合计算得出 PBC 和 PBC@LDH 对 U(VI)的最大吸附容量（q_m）分别为 225.991 mg/g 和 274.151 mg/g，分别是 BC（17.744 mg/g）的约 13 倍和 15 倍。由表 4.5 可知，对比其他类型的生物炭吸附剂，PBC@LDH 吸附 U(VI)表现出较好的吸附量优势，这归因于磷酸盐的活化增加了 BC 的比表面积，而具有良好孔隙结构的 PBC 提供了负载 LDH 的可能性。Freundlich 模型表述异质表面上多层吸附和非理想吸附的过程，Freundlich 模型的 n 值代表了高能异质性指标，当 n 接近于 0 时,吸附剂表面的高能异质性较高(Li et al.,2018)。PBC 和 PBC@LDH 的 n 更接近于 0，表明改性生物炭对 U(VI)的吸附是多相吸附。

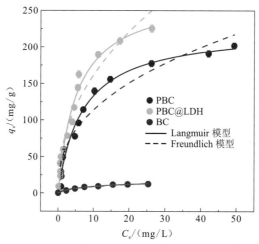

图 4.8　BC、PBC 和 PBC@LDH 对 U(VI)的吸附等温线

表 4.4　BC、PBC 和 PBC@LDH 对 U(VI)等温吸附拟合参数

吸附剂	Langmuir 模型			Freundlich 模型		
	$q_m/$（mg/g）	$K_L/$（L/mg）	R_1^2	$K_F/$（（mg/g）·（L/mg）$^{1/n}$）	n	R_2^2
BC	17.744	0.105	0.988	2.813	0.484	0.950
PBC	225.991	0.143	0.973	44.81	0.405	0.934
PBC@LDH	274.151	0.185	0.976	57.16	0.451	0.945

表 4.5　不同吸附剂吸附 U(VI)的对比

吸附剂	实验条件	$q_m/$（mg/g）
生物炭纤维	pH 为 3，0.1 mol/L NaClO$_4$，298 K	92.00
p-PVB-PAA	pH 为 5，293 K	207.02
桉树生物炭	pH 为 5.5，0.02 mol/L NaNO$_3$，293 K	27.20
Fe$_3$O$_4$/MB	pH 为 6.0，0.01 mol/L NaNO$_3$，318 K	54.46
PBs	pH 为 4.0，0.01 mol/L NaNO$_3$，298 K	229.20
磁性生物炭	pH 为 4.0，0.01 mol/L NaNO$_3$，318 K	52.63
NZFNP	pH 为 5.0，328 K	129.50
PBC@LDH	pH 为 4.0，0.01 mol/L NaNO$_3$，298 K	274.15

3. pH 对吸附的影响

通常，pH 对溶液中 U(VI)的物种分布和吸附剂–液体界面的电荷特性具有重要影响（Mishra et al.，2017）。如图 4.9（a）所示，吸附实验研究溶液 pH 在 2～9 的变化对生物炭吸附 U(VI)的影响。结果表明，BC、PBC 和 PBC@LDH 对 U(VI)的吸附能力在 pH 为

2～4 时显著提高，在 pH 为 4～8 时达到稳定，然后在 pH>8 时开始逆转下降。这种现象可以用溶液中铀的种类分布[图 4.9（b）、化学平衡制图软件 MEDUSA 模拟]和吸附剂的 Zeta 电位[图 4.9（c）]来解释。当 pH<4 时，U(VI)的主要种类是 UO_2^{2+}，带正电荷；$UO_2(OH)_2 \cdot H_2O$、UO_2OH^+、$(UO_2)_3(OH)_5^{5+}$ 和 $(UO_2)_2(OH)_2^{2+}$ 集中在 pH 为 4～8；pH>8 时，U(VI)的主要种类带负电，如 $UO_2(OH)_3^-$ 和 $UO_2(OH)_4^{2-}$。

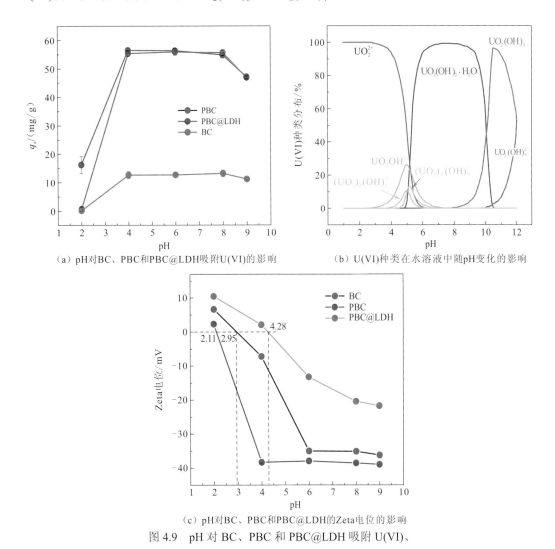

（a）pH对BC、PBC和PBC@LDH吸附U(VI)的影响　　（b）U(VI)种类在水溶液中随pH变化的影响

（c）pH对BC、PBC和PBC@LDH的Zeta电位的影响

图 4.9　pH 对 BC、PBC 和 PBC@LDH 吸附 U(VI)、
水溶液中 U(VI)的种类和 Zeta 电位的影响

与 BC 的零电荷点（pH_{pzc}=2.95 mV）相比，PBC（2.11 mV）和 PBC@LDH（4.28 mV）分别减小和增大。这可能是因为磷酸盐的引入减少了 BC 表面的正电荷，以及 Mg-Al LDH 的负载具有高电荷密度絮凝物的特征（Hu et al.，2020；Gao et al.，2020）。因此，随着溶液 pH 的升高，吸附剂表面吸附活性位点与铀酰离子之间的相互作用由静电斥力转变为静电吸引，这一过程主要是由于 pH<pH_{pzc} 时吸附剂表面带有正电荷，表面官能团发生质子化反应，然后与 UO_2^{2+}、UO_2OH^+、$(UO_2)_3(OH)^{5+}$产生强烈的静电排斥。但当 pH>pH_{pzc}

时，去质子化过程将反应过程转化为静电吸引（pH 介于 4～7）。然而，当 pH>8 时，U(VI) 的种类主要呈负电荷，例如，带有负电荷的 $UO_2(OH)_3^-$ 和 $UO_2(OH)_4^{2-}$ 将难以与生物炭表面的官能团结合，从而导致吸附能力下降（Pang et al.，2019）。根据先前的报道，当 pH<pH_{pzc} 时，内球表面配位是捕获 U(VI) 的主要作用（Wang et al.，2020a）；相反，当 pH>pH_{pzc} 时，外球表面配位作用占主导。因此，本实验方案溶液的 pH 为 4～9，内球配位和外球配位都参与 PBC@LDH 捕获 U(VI) 的过程。

4. PBC@LDH 吸附 U(VI) 的机制

批量吸附实验结果表明，与 BC 和 PBC 相比，PBC@LDH 对 U(VI) 的吸附能力大大提高，但 PBC@LDH 对 U(VI) 的吸附机理却没有清晰的认识。为了更好地了解吸附机理，在吸附 U(VI) 前后，进行 PBC@LDH 的 XPS 和 FTIR 光谱表征（图 4.10）。图 4.10（a）显示，在 U(VI) 吸附前后，PBC@LDH 的 XPS 光谱中出现了 C 1s、O 1s 和 P 2p 的峰。此外，在 PBC@LDH 的全谱扫描中，还存在 Mg 1s 和 Al 2p 的特征峰，再次证实 Mg-Al LDH 的成功负载，并且吸附 U(VI) 之后，Mg 1s 和 Al 2p 的峰强明显降低，这可能对应于 Mg 和 Al 的溶出。关于 C 1s[图 4.10（b）]和 O 1s[图 4.10（c）]，PBC@LDH 的 C 1s 被解析为几个化合键，即 284.64 eV 处的 C—C/C＝C 键，285.25 eV 处的 C—O/—OH 键，以及 286.06 eV 处的 C＝O 键（Hu et al.，2020）。但在 U(VI) 被 PBC@LDH 捕获后（用 PBC@LDH+U 表示），C 1s 和 O 1s 峰的强度降低，尤其是对应于 C＝C/C—C 和 C—O/—OH 的峰，其分别转移到较低的结合能（284.62 eV 和 284.88 eV）。同样地，在 PBC@LDH 吸附 U(VI) 之后 O 1s 的去卷积峰位置同样发生移动[图 4.10（c）]，例如位于 531.11 eV（C—O/C—C）的峰转移了 0.27 eV，到达更高的结合能位置 531.38 eV；位于 532.59 eV（—COH/Al—O）和 533.38 eV（O＝C—O/Mg—O）的峰，分别移动了 0.48 eV 和 0.3 eV，移至 532.11 eV 和 533.08 eV。同时，—COH/Al—O 和 O＝C—O/Mg—O 的峰强显著降低。O 1s 和 C 1s 光谱的结果表明 U(VI) 与含氧官能团（如 C—O、C＝O、—COH 和 O＝C—O 基团）之间存在配位反应的相互作用。

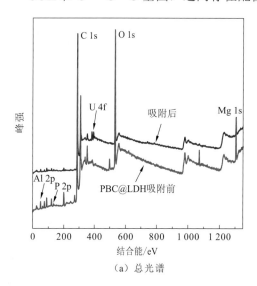

（a）总光谱

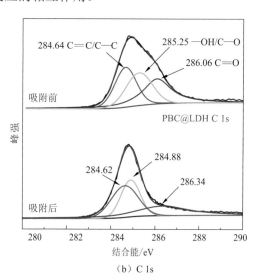

（b）C 1s

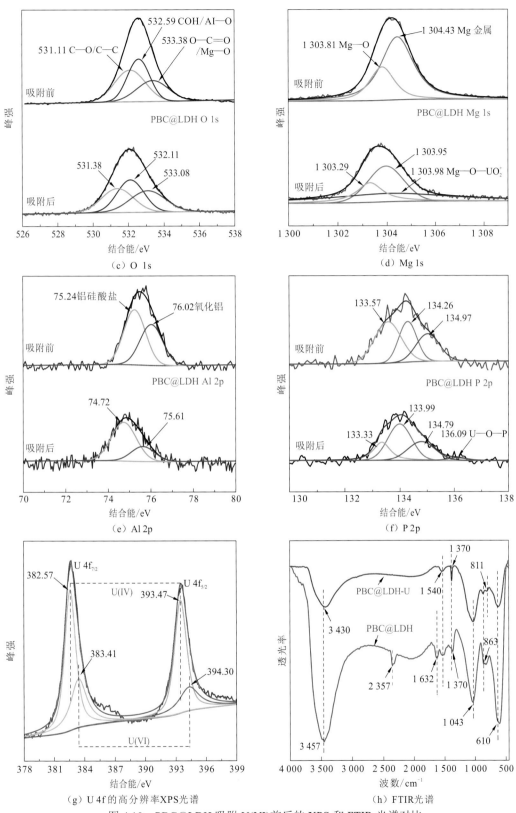

图 4.10　PBC@LDH 吸附 U(VI)前后的 XPS 和 FTIR 光谱对比

将 PBC@LDH 复合材料添加到含铀废水中后，由于 LDH 释放出的 Mg 和 Al 氧化物可以被水解和聚合，从而将水中的胶体颗粒用作晶核形成胶体沉淀。铀酰离子将被吸附并网捕在沉淀物的表面，并进一步共沉淀，该过程能够被 Mg 1s 和 Al 2p 证实[图 4.10（d）和（e）]。值得注意的是，吸附 U(VI)后，Mg 1s 和 Al 2p 的去卷积峰移动到较低的结合能。例如，Mg 和 Mg—O 的峰位置分别从 1 304.43 eV 和 1 303.81 eV 移动到 1 303.95 eV 和 1 303.29 eV 处；铝硅酸盐和氧化铝的峰值位置分别从 75.24 eV 和 76.02 eV 移动到 74.72 eV 和 75.61 eV 处（Zou et al.，2016）。实际上，当含铝的 LDH 被水解时，会生成各种多羟基铝阳离子，如 $AlOH^{2+}$、$Al(OH)^{2+}$、$(Al_3(OH)_4)^{5+}$、$(Al_6(OH)_{14})^{4+}$等，胶体表面的一些负电荷可以被废水中的这些聚合物中和，胶体核心结构的扩散层因此被压缩，这将促进铀酰离子突破扩散层的阻力，进入吸附层以实现内层吸附，铀酰离子将被含铝的氢氧化物胶体自主捕获，以便在 PBC@LDH 表面进一步共沉淀（Xie et al.，2017）。有趣的是，PBC@LDH+U 中 Mg 和 Mg—O 官能团的峰强度降低同时，测得新的弱峰（1 303.98 eV），这可能是由镁离子被铀酰离子同构取代所致，该过程对应于 UO_2^{2+} 被 Mg—O—H 还原并生成 $Mg—O—UO_2^{2+}$ 的化学反应（Guo et al.，2020）。

图 4.10（f）中显示了 P 2p 结合能的峰，可以看到位于 133.57 eV、134.26 eV 和 134.97 eV 的 PO_4^{3-} 的峰移至较低的结合能，即 133.33 eV、133.99 eV 和 134.79 eV；并且位于 133.57 eV 和 134.97 eV 处的峰强度降低，同时观察到在 136.09 eV 处出现了新峰 U—O—P 键（Li et al.，2019a），进一步证明 PBC@LDH 表面游离自由接枝的—PO4 基团与铀酰离子之间存在化学反应（Wang et al.，2020b）。

与吸附前相比，差异主要体现在位于 382.57 eV 和 393.47 eV 处被检测到的 U $4f_{7/2}$ 和 U $4f_{5/2}$ 的特征双峰[图 4.10（g）]。可以观察到，U 4f 光谱可以反卷积为一些归因于两个铀价态的峰。例如，分别位于 382.57 eV（$4f_{7/2}$）和 393.47 eV（U $4f_{5/2}$）处的峰属于 U(IV)；位于 383.41 eV（U $4f_{7/2}$）和 394.30 eV（U $4f_{5/2}$）处的双峰属于 U(VI)，这表明铀酰离子已成功吸附到 PBC@LDH 的表面，此外，XPS 光谱中四价铀和六价铀的含量比值为 8∶5，因此，至少一半以上的 U(VI)被还原为 U(IV)。这种现象可以归因于上述结果，即含镁、磷官能团与 U(VI)之间的还原反应。根据以前的报道，含磷功能材料对六价铀的还原作用也可归因于 U(VI)-磷酸盐沉淀物（例如 KUO_2PO_4、$NaUO_2PO_4$）的形成和磷酸盐的生物矿化作用（Ding et al.，2018）。

图 4.10（h）展示了与 U(VI)反应前后 PBC@LDH 的 FTIR 光谱。值得注意的是，观察到归于—OH 官能团的 3 457 cm^{-1} 处的拉伸振动，在吸附 U(VI)后，该峰位移至较低的能量（3 430 cm^{-1}），该现象称为"红移"。由于铀在羟基化学基团的振动过程中"过重/超载"，产生促使—OH 基团转移到较低位置的能量（Guilhen et al.，2019a）。PBC@LDH 在 2 357 cm^{-1}、1 632 cm^{-1}、1 370 cm^{-1}、863 cm^{-1} 和 610 cm^{-1} 处的拉伸振动峰分别对应于炔烃 C≡C、羰基 C═O、羧基—COOH、P—O 键和 Mg/Al—O 键，上述基团的峰强度在吸附 U(VI)之后显著减弱甚至消失，表明这些具有较强配位能力的基团参与和 U(VI)的化学反应。尤其是—OH 和 Mg/Al—O 基团，峰强显著减弱的原因可

能对应以下过程：羟基 O 原子上采用的两个剩余的 sp³ 轨道可以被孤对电子占据，孤立的电子对能够与铀酰离子结合，然后形成 U＝O＝U 的强配位键（Yi et al.，2016）；Mg—O—H 基团可以通过与 U(VI)的配位作用而结合，在此期间，铀酰离子将取代 H⁺ 的位置以形成稳定的络合物（Mg—O—U）（Teng et al.，2020b）。根据详细的 XPS 和 FTIR 分析，PBC@LDH 对 U(VI)的吸附归因于含氧官能团的配位、Mg—O—H 与 P—O 基团的还原反应，以及多羟基含铝阳离子捕获 U(VI)所产生的共沉淀，以上作用可大大促进在 PBC@LDH 上形成含 U(VI)的强络合物。这导致 PBC@LDH 吸附 U(VI)的能力高于 BC 和 PBC。

总之，PBC@LDH 复合物在水溶液中捕获铀的常见机理可以通过 4 种方案发生：①由于高比表面积，强大的范德瓦耳斯力吸附铀酰离子；②由于具有丰富的表面官能团，复合物与 UO_2^{2+} 产生强配位作用；③由于有足够的表面电子供体，复合物将 U(VI)还原为 U(IV)；④复合物捕获 U(VI)的多羟基铝阳离子发生共沉淀。U(VI)吸附在 PBC@LDH 上的主要机理如图 4.11 所示。因此，PBC@LDH 复合材料可能是应用在铀废水中吸附除 U(VI)的潜在材料。

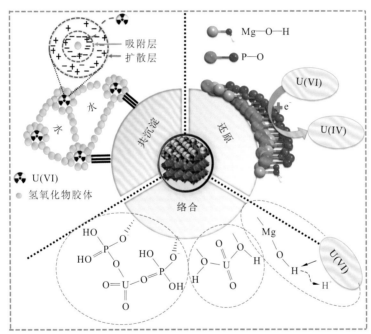

图 4.11　PBC@LDH 吸附 U(VI)的主要机理

5. 材料的可重复利用性

为了考察 PBC@LDH 的可重复利用性，反复进行吸附/解吸实验。如图 4.12 所示，在 $C_{0\text{-}U(VI)}=60$ mg/L 时，PBC@LDH 对 U(VI)的初始去除率为 98.3%，经过 5 次循环后，PBC@LDH 对 U(VI)的去除率有所下降，为 77.9%，该结果意味着 PBC@LDH 具有良好的可重复利用性。

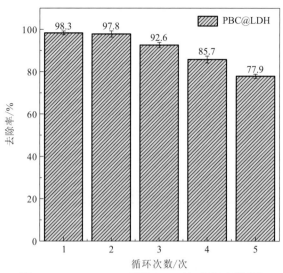

图 4.12　PBC@LDH 吸附 U(VI)的可重复利用性

4.2　PBC@LDH 稳定化修复铀污染土壤的效果及机制

评估土壤修复的效果分为室内和室外两种。室内评价方案主要通过控制恒定温度和湿度来评价土壤老化的修复过程，实验室尺度的评价方案主要通过缩小土壤孵育的空间和时间尺度来研究土壤的性状变化和土壤中重金属的含量和形态变化，该方案一般周期短、可操作性强、经济环保，应用广泛，国内外学者报道较多。例如，Vithanage 等（2017）通过室内孵育的方法研究生物炭和碳纳米管对多种重金属（Pb、Cu 和 Sb）污染土壤的修复效果，通过毒性特征渗滤程序（toxicity characteristic leaching procedure，TCLP）和二乙基三胺五乙酸（DTPA）萃取的方法评价固定剂对污染土壤中重金属生物有效性的影响。Gonzaga 等（2020）在实验室用不同配比的生物炭与 Cu 污染土壤进行混合孵育，研究生物炭对土壤中 Cu 的提取形态和种子发芽的影响。由此可见，室内孵育方案简单高效，具有一定的可重现性，但若实际推行于室外大规模土壤修复，固定剂的性能可能会因自然环境复杂而弱化。相关推论已经有所研究，如 Martos 等（2019）将生物炭施加到农田中，通过三年的长期观察评估生物炭对土壤-植物（小麦）系统的影响，一方面分析生物炭的长期施用对小麦产量的影响，另一方面分析对土壤保水性和肥力的影响。结果发现，生物炭的施用无法增加小麦的产量，但可以降低土壤的可溶性硝酸盐含量，并提高保水性。

鉴于可重现性和经济环保的特点，本节采用静态孵育实验分析生物炭固定剂对铀污染土壤的固定效果。通过对比不同处理方案之间 pH、电导率、氧化还原电位（Eh）、合成沉淀浸出程序（synthetic precipitation leaching procedure，SPLP）浸出量和重金属形态分布的变化，来评价固定剂的修复效果。孵育结束后，通过 XRD 和 XPS 表征不同处理方案的土壤以分析固定机制。

4.2.1 对污染土壤的 pH、EC 和 Eh 的影响

表 4.6 列出了所采集铀尾矿（uranium tailings，UMT）场地土壤的基本理化特性。由表 4.6 可知，U 总含量为 113.67 mg/kg，Pb 总含量为 35.55 mg/kg，高于江西省土壤的背景值（U 总含量为 4.4 mg/kg；Pb 总含量为 32.1 mg/kg）（董志询 等，2019；Liu et al.，2014）。因此，急需稳定 UMT 土壤中的铀和铅，以防止酸雨淋溶对地表水的污染和降低地下水的渗滤风险。

表 4.6 UMT 土壤的基本理化性质

深度	总含量/（mg/kg）		土壤质地/%			pH	EC /（μs/cm）	TOC /%	CEC /（cmol/kg）
	U	Pb	黏土 (<0.002 mm)	泥 (0.002～ 0.05 mm)	沙 (0.05～ 2 mm)				
0～20 cm	113.67±6.86	35.55±5.46	23.8	51.35	24.81	5.21±0.01	331±8.23	2.08±0.08	16.83±0.85

pH 和 EC 与土壤中的铀和重金属的迁移转化具有密切关系（Tan et al.，2019）。图 4.13 显示了三种稳定剂对 UMT 土壤 pH、EC 和 Eh 的影响。与对照检查（control cleck，CK）组相比，在孵育第 10～40 天时，每一种稳定剂处理的方案都使土壤的 pH 显著升高 [图 4.13（a）、（b）和（c）]。然而，在孵育期间，不同处理方案的土壤 pH 的变化趋势不尽相同。对于 BC 和 PBC 的处理方案，在 40 天的孵育过程中，1% 剂量的处理方案（即 B-1 和 P-1）能够持续促进土壤 pH 的升高，然而以 5% 的剂量处理时（即 B-5 和 P-5）pH 在升高之前先下降。10% 剂量的 BC 和 PBC 处理方案（即 B-10 和 P-10）的 pH 分别在第 10 天和第 20 天略有降低。相反，在 1%、5% 和 10% 剂量的 PBC@LDH 处理（即 M-1、M-5 和 M-10）下，土壤的 pH 持续升高 [图 4.13（c）]。

值得注意的是，与对照组土壤的 pH 相比，在孵育第 40 天时，M-10 处理的土壤 pH 升高 1.88 个单位，是对照检查组的两倍，如图 4.13（d）所示。其中，B-10 处理的土壤 pH 升高 0.81 个单位，P-10 处理的土壤 pH 升高 0.7 个单位。以上现象可能归因于：一方面，在孵育过程中，BC 和 PBC 中酸性官能团的释放及土壤中有机酸的产生导致土壤 pH 下降（Ren et al.，2020）；另一方面，碱性物质的溶解和生物炭中盐基离子的释放会促进酸性土壤中和（Oliveira et al.，2017）。此外，根据 FTIR 分析结果，交联 LDH 后，PBC 中引入了大量羟基。众所周知，土壤中的氧化物可以与游离水自发反应生成氢氧化物（Ren et al.，2020）。随着土壤 pH 的升高，将有更少的 H^+ 与重金属离子争夺吸附位点，尤其是铀酰离子。铀酰离子在具有高 pH 的土壤溶液中处于水解状态，这有助于铀吸附到土壤胶体上（Li et al.，2019b）。研究表明，当土壤的 pH 超过 7 时，由于羟基的分解，土壤中的多酚化合物和腐殖质将表现为带负电的聚电解质（Xiong et al.，2009），这些聚电解质是高度固定的，可以通过螯合作用与重金属离子结合形成双齿络合物（Arp et al.，1989）。因此，PBC@LDH 固定剂的用量为 10% 时，可以为土壤中的层间阴离子与重金属阳离子之间的配位提供更稳定的碱性环境。

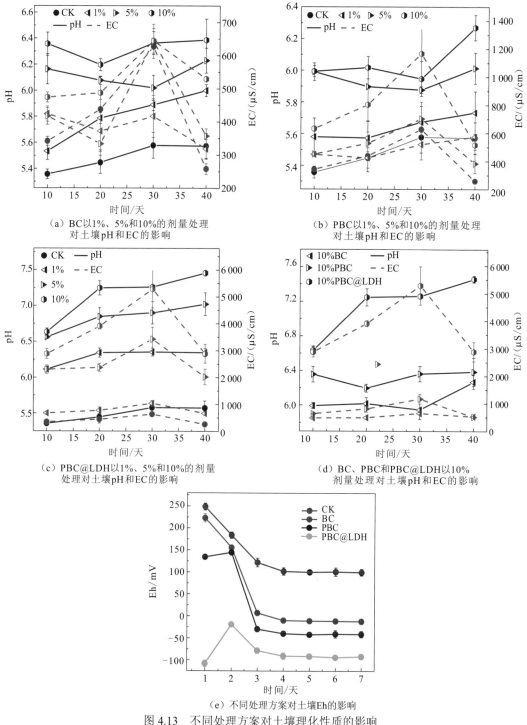

（a）BC以1%、5%和10%的剂量处理
对土壤pH和EC的影响

（b）PBC以1%、5%和10%的剂量处理
对土壤pH和EC的影响

（c）PBC@LDH以1%、5%和10%的剂量
处理对土壤pH和EC的影响

（d）BC、PBC和PBC@LDH以10%
剂量处理对土壤pH和EC的影响

（e）不同处理方案对土壤Eh的影响

图4.13　不同处理方案对土壤理化性质的影响

　　土壤电导率主要反映土壤中溶质的浓度。由图 4.13（b）和（c）可知，用 PBC 和 PBC@LDH（所有剂量）处理的土壤的 EC 在前 30 天迅速升高，之后下降。游离的盐基离子和铀离子完成了在土壤颗粒上的吸附位点交换，以及有机成分被微生物矿化，这些过程可能导致 30 天后土壤的 EC 降低（Wei et al.，2020）。令人惊讶的是，在孵育 40 天

后，用 PBC@LDH 处理的土壤的 EC 比相同剂量的 BC 和 PBC 处理的土壤高 6～10 倍。这可能是由于 PBC@LDH 向土壤中释放了大量的 Na^+、Mg^{2+} 和 Al^{3+}，有助于离子交换的过程。总之，PBC@LDH 复合材料在 UMT 土壤中的铀和伴生重金属稳定化方面具有较高的潜力。

图 4.13（e）所示为以 10% 剂量的 BC、PBC 和 PBC@LDH 处理土壤的 Eh。在实验过程中，三种处理方案均降低了土壤的 Eh。然而，在第 5 天，CK、BC、PBC 和 PBC@LDH 处理土壤样品的 Eh 趋于稳定，分别为 100 mV、−10 mV、−40 mV 和 −92 mV。这些发现表明，PBC@LDH 处理的土壤，与其他处理方案相比，在 7 天的孵育期间均保持最低的氧化还原电位，因此，PBC@LDH 孵育可能具有更稳定的还原环境。根据相关报道，在还原条件下，土壤溶液中的一部分 U(VI) 能够以 UO_2 的形式沉淀下来（Noel et al.，2019）。此外，本小节研究中使用的三种生物炭固定剂中的官能团，可能将有助于优化土壤中利于重金属稳定化的氧化还原环境（Rinklebe et al.，2020）。这可以归因于 PBC@LDH 复合材料中富含有机质，该复合物既可以充当电子供体，又可以充当电子受体。

4.2.2 对土壤中铀和伴生重金属的 SPLP 浸出影响

U 和 Pb 的 SPLP 浸出浓度变化如图 4.14 所示。与 CK 组相比，所有处理方案的土壤中 U 的浸出浓度在 40 天内呈下降趋势 [图 4.14（a）]，表明三种固定剂具有稳定 U 的效果。孵育 40 天后，经 1%、5% 和 10% 剂量的 PBC@LDH 处理后，土壤的 SPLP 浸出浓度分别为 0.079 mg/L，0.076 mg/L 和 0.0529 mg/L，远低于相同处理剂量的 BC（0.11～0.123 mg/L）和 PBC（0.111～0.135 mg/L）。在第 40 天，与 CK 组（0.271 mg/L）相比，M-10 中 U 的浸出浓度下降了约 80%，高于相同剂量的 PBC（59%）和 BC（50%）。该现象证实 PBC@LDH 对 UMT 土壤中 U 具有良好的稳定效果。图 4.14（b）反映了 Pb 的 SPLP 浸出浓度的变化，由图可知，未经处理和处理过的土壤中 Pb 的浸出浓度在起初的

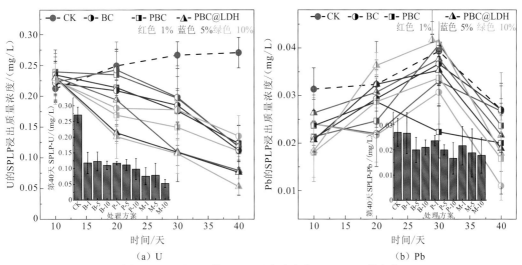

图 4.14　U 和 Pb 的 SPLP 浸出浓度在 10～40 天的变化

内插图表示每种处理方案在第 40 天的浸出浓度

30 天内呈现出升高的趋势，然后迅速下降。并且经过 40 天孵育后，与 CK 组相比，所有改良剂处理的土壤能够降低 Pb 的浸出量，但 P-10 和 M-10 的降幅最大，分别为 38% 和 34%。相比于 U，Pb 的稳定效果较差，这可能是由于 Pb 主要存在于土壤溶液中的 $Pb(OA)_2$ 和 $PbSO_4$ 化合物中，但是未经处理和处理过的 UMT 土壤中缺少 OA^- 和 SO_4^{2-}，所以更易于淋滤（Zhang et al.，2020）。总之，10%剂量的 PBC 和 PBC@LDH 表现出较好的抑制重金属酸性浸出的效果。

4.2.3 对土壤中铀和伴生重金属形态分布的影响

Tessier 连续提取法是评价土壤中重金属形态分布的常用方法，可交换态（F1）通常被认为是最具植物可利用性的组分，迁移性和生态风险最大（Meng et al.，2020）；碳酸盐结合态（F2）对土壤溶液的 pH 敏感（Fan et al.，2020），并且可以在酸性条件下溶解，因此，铀和重金属的 F1 和 F2 馏分是可移动性最强的形态。有机质结合态（F3）、无定形 Fe-Mn 氧化物结合态（F4）和晶质型 Fe-Mn 氧化物结合态（F5）对氧化还原条件敏感，因此，这三种组分相对较稳定。残渣态（F6）是最稳定和最安全的组分。综上所述，Tessier 连续提取的 6 种组分的可迁移性可以排序为 F1＞F2＞F3＞F4＞F5＞F6。

不同处理方案的土壤中 U 和 Pb 的形态分布如图 4.15 所示。由图 4.15（a）可知，经过 40 天的孵育，未处理和处理过的土壤中 U 的 F2 形态的比例最高，该形态占比大于 37%。这可能是由于原始 UMT 土壤中铀离子与土壤颗粒之间的低黏附性，CH_3COONa 提取的放射性核素铀附着在土壤的反应交换位点上（Guillen et al.，2018）。CK 组中铀的 F1 和 F2 形态占比之和为 50.22%，而 P-10 和 M-10 处理方案中分别为 38.86% 和 43.7%，是所有处理方案中的最低值。至于 F6 形态，M-10（14.88%）和 B-10（14.77%）约为 CK 组（6.82%）的 2 倍，这表明 10%剂量的 BC 和 PBC@LDH 处理方案可以将可迁移的铀转化为最稳定的形态。Mg/Al—O—H 官能团和铀酰离子之间的配位和沉淀可能导致活性态铀转化为稳定形态。尽管 PBC 处理后，土壤残渣态的占比提高相对较低，但与其他修复方案相比，P-10 孵育后的土壤中 F4 形态的占比最高（27.36%）。这表明磷酸盐（PO_4^{3-}）促进了 Fe-Mn 氧化物对铀的吸附，这可能归因于 Mn/Fe—U—PO_4^{3-} 配位化合物的生成。相关研究表明，土壤有机质具有增溶作用，进而使有机质结合态控制重金属离子的溶解度（Gonzaga et al.，2020）。因此，该物种被认为是中度不稳定的形态。施加稳定剂后，M-10 和 B-10 中的 F3 形态占比分别降低至 7.65% 和 4.75%，但是，P-5 和 P-10 处理的土壤中 F3 形态的占比并没有减少，反而增加了 1.55% 和 0.84%。上述两种相反的现象可能意味着 BC 和 PBC@LDH 的施用有助于降低铀的溶解度，而 PBC 能够增加铀的溶解度，施用不同的稳定剂后，土壤溶液中 pH 变化可能导致了这一现象。总体而言，将 10%剂量的稳定剂应用于土壤中，可获得最佳的稳定 U 的效果。同时，PBC@LDH 的处理方案可以将活化态铀转化为稳定化形态。

此外，由图 4.15（b）可知，CK 组中 Pb 的残渣态占比较高，为 39.63%，表明与 U 相比，UMT 土壤中伴生重金属相对稳定。但是，在使用稳定剂后，Pb 的形态发生了一系列变化。对于残渣态占比，B-1、B-5 和 B-10 的 Pb 分别增加 9.17%、12.96% 和 20.1%；P-1、P-5 和 P-10 中 Pb 分别增加 10.29%、11.03% 和 18.45%；M-1、M-5 和 M-10 中 Pb

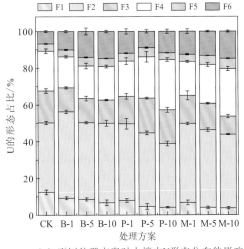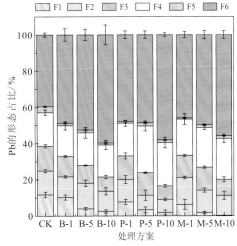

（a）不同处理方案对土壤中U形态分布的影响　　（b）不同处理方案对土壤中Pb形态分布的影响

图 4.15　不同剂量 BC、PBC 和 PBC@LDH 的处理方案对土壤中 U 和 Pb 形态分布的影响

分别增加 8.36%、10.07%和 16.22%。相应地，与 CK 组相比，M-10 土壤中 Pb 的可交换态占比降低最大，达到 11.45%。这种现象表明，当施用 10%剂量的 PBC@LDH 时，UMT 土壤中的 Pb 会逐渐从有效态转化为难以迁移和稳定的形态，这可能归因于土壤孵育后 $Pb(OH)^+$ 的沉淀（Teng et al.，2020b）。该现象表明 PBC@LDH 在 UMT 土壤修复中对伴生重金属 Pb 同样具有较好的稳定效果。

4.2.4　机制分析

化学风化、生物侵蚀和矿区土壤中重金属的淋失使土壤的化学环境在自然条件下相当复杂。如 4.1.2 小节所述，PBC@LDH 复合材料富含含氧官能团，并在 PBC 中添加诸如 P—O 和 Mg—O—H 等关键官能团。磷酸盐活化后，具有高比表面积的 PBC 为 LDH 提供了足够的沉淀空间，同时为铀提供足够的吸附位点。PBC@LDH 复合材料是具有高度芳香性的化合物，包含 P—O、C—O、—OH 和其他官能团。土壤孵育后，多酚和磷酸基团会以 H_2O、PO_4^{3-}、CO 和 CO_2 的形式发生解离（Mandal et al.，2020b）。在此期间，不稳定的 LDH 和磷酸盐会释放出大量的 OH^-、PO_4^{3-} 和其他阴离子作为电子供体。因此，UO_2^{2+} 接受电子被还原，还原后的 UO_2 在沉淀之前进一步参与配位反应。

不同处理方案孵育后的土壤的 XPS 高分辨率光谱能够证实上述过程（图 4.16）。图 4.16（a）～（d）显示了未处理和已处理的土壤中 U 4f 的高分辨率 XPS 光谱的变化，其中 U $4f_{7/2}$ 和 U $4f_{5/2}$ 对应于 U 的自旋轨道分裂。在 CK 组中 U 4f 的 382.78 eV 和 393.67 eV 结合能被视为 U(VI)（Li et al.，2019c）。由于不存在四价铀的峰，所以六价铀在 CK 组土壤中占主导地位[图 4.16（a）]。这说明 UMT 土壤中铀的高迁移性特征主要是由可交换态和碳酸盐结合态控制铀的形态分布。固定剂孵育后，土壤中铀的化合价分布已开始发生变化。简而言之，与 CK 组土壤相比，经 BC、PBC 和 PBC@LDH 处理后土壤中 U(VI) 的峰位转移到更高或更低的结合能位置，并且 U(VI)峰的强度明显减弱。这些发现表明，孵育后土壤胶体表面的六价铀离子已与固定剂表面的官能团键合。同时，BC[图 4.16（b）]、

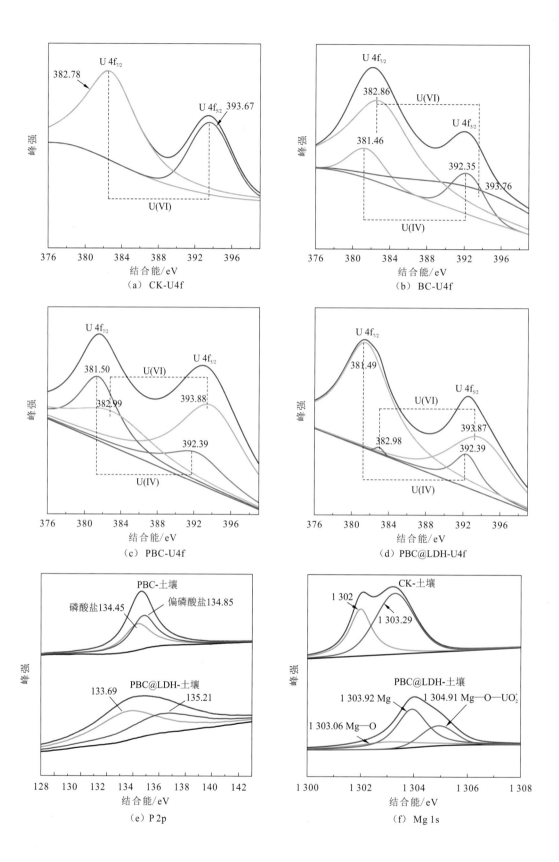

（a）CK-U4f

（b）BC-U4f

（c）PBC-U4f

（d）PBC@LDH-U4f

（e）P 2p

（f）Mg 1s

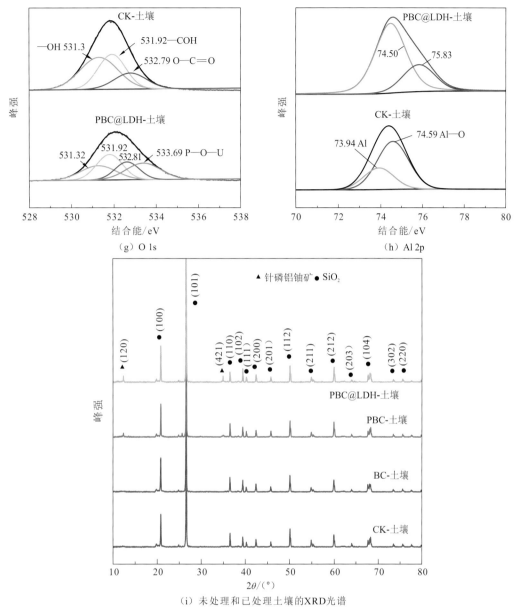

（g）O 1s   （h）Al 2p

（i）未处理和已处理土壤的XRD光谱

图 4.16　UMT 土壤孵育后的 XPS 高分辨率光谱和 XRD 光谱

PBC[图 4.16（c）]和 PBC@LDH[图 4.16（d）]孵育后土壤的 U 4f 光谱中，新的四价铀峰的相对强度逐渐增强。此外，在 BC、PBC 和 PBC@LDH 处理的土壤中，根据 U 4f 光谱得出的四价铀含量分别为 25%、40% 和 66.67%。这些结果表明，不同处理方案中还原 U(VI) 的能力大小关系为 PBC@LDH>PBC>BC。该结论可由图 4.13（e）证实，从第 1 天到第 7 天的三个处理方案土壤的 Eh 值与 CK 组相比：CK>BC>PBC>PBC@LDH，这与上述每个稳定剂还原 U(VI) 的能力相对应。

在向土壤连续注水的过程中，铀酰离子在土壤溶液中具有很高的流动性，使固定剂表面的目标官能团可以捕获铀酰离子。机制图所示的配位反应表明—COOH 和 Mg—O—H 官能团通过与 U(VI) 相互作用而键合。其间铀酰离子取代了 H^+ 位置，形成稳定的配位化合物。与此同时，铀酰离子和具有强亲和力的含磷官能团之间的空价轨道填充的孤对电子主导的配位作用将会发生（Hu et al.，2020）。此外，PBC@LDH 复合材料中所含大量的羟基官能团可通过配位生成 UO_2^{2-}—O（Zhang et al.，2012）。P 2p［图 4.16（e）］、Mg 1s［图 4.16（f）］和 O 1s［图 4.16（g）］XPS 光谱能够证明这些机制。PBC 和 PBC@LDH 处理土壤的 P 2p 光谱 134.45 eV 和 133.69 eV 处的峰对应于磷酸盐，表明改性生物炭已成功将含磷官能团释放到土壤中。

值得注意的是，PBC@LDH 处理土壤的 P 2p 峰位（135.21 eV）被认为是偏磷酸盐，与 PBC 处理土壤相比移动了 0.36 eV，且峰值强度明显降低。这可能是由于 P—Mg—O 或 P—Al—O 官能团同时捕获铀离子，增加了磷的消耗。Mg 1s 光谱表明，在 PBC@LDH 的处理土壤中，1303.06 eV 处的峰强显著降低，该峰对应于 Mg—O 官能团，从而揭示了 Mg—O 与 U(VI) 之间的复杂反应。PBC@LDH 处理土壤的 Mg 1s 谱图中出现了一个新峰，其峰位为 1304.91 eV，对应于 Mg—O—UO_2^+（Yin et al.，2019）。此过程也可能是由于镁离子被铀酰离子同构取代，以及 Mg—O—H 将 UO_2^{2+} 还原为 Mg—O—UO_2^+ 的反应过程。在未处理和处理过的土壤的 O 1s 光谱中证实了羟基、酯基、芳香族和醇类官能团的存在。值得注意的是，O 1s 光谱在 533.69 eV 处出现了一个新的去卷积峰，可能对应于 Mg—O—U 或 P—O—U 官能团。

此外，UO_2^{2+} 和 Pb^{2+} 与盐基离子之间的离子交换同样是 PBC@LDH 将铀和伴生重金属铅稳定在土壤中的重要机制（Jing et al.，2016）。一方面，生物炭表面的盐基离子（如 Mg^{2+}、Al^{3+}、Na^+、K^+ 和 Si^{4+}）可以直接取代铀酰离子的位置，从而实现吸附。另一方面，铀酰离子竞争并剥夺含盐基离子官能团的金属结合键位，然后牢固地吸附在生物炭表面。PBC@LDH 处理土壤的 Al 2p 光谱［图 4.16（h）］显示，与 CK 组相比，对应于 Al 金属的 74.50 eV 峰强明显增强。相反，在 75.83 eV 处对应的 Al—O 的峰强较低，这可能归因于 PBC@LDH 复合物中铝金属的配位和离子交换导致铝离子的配位和释放。

未处理和已处理的 UMT 土壤的 XRD 图谱如图 4.16（i）所示。在 20.859°、26.639°、36.543°、39.464°、40.293°、42.449°、45.762°、50.138°、54.873°、59.958°、63.973 8°、68.127 7°、73.529 9° 和 75.698 9° 处的衍射峰分别对应于 (100)、(101)、(110)、(102)、(111)、(200)、(201)、(112)、(211)、(212)、(203)、(104)、(302) 和 (220) 的 SiO_2 晶面。因此，石英是 UMT 土壤的主要晶体成分。值得注意的是，10%剂量的 PBC 和 PBC@LDH 处理土壤在 12.489° 和 34.96° 处出现额外的衍射峰，属于针磷铝铀矿（upalite）（$Al(UO_2)_3O(OH)(PO_4)_2(H_2O)_7$）（JCPDS PDF 86-2357）。该发现有力证实磷酸盐、金属氧化复合物和铀之间的共沉淀作用。此外，该结果表明铀离子在长期孵育过程中已牢固地嵌入土壤胶体的晶格中，从而大大降低了铀离子的迁移率。在 PBC@LDH 处理后土壤的 XRD 图谱中，属于针磷铝铀矿的峰值强度高于 PBC 处理土壤的峰值强度，表明 PBC@LDH 孵育的土壤更有利于铀离子的共沉淀，这可能是由金属氧化物和磷酸盐的协同沉淀作用所致。在 XPS 和 XRD 光谱中未发现伴生重金属 Pb 的信号峰，这可能是由于 UMT 土壤中 Pb 含量较低，但 PBC@LDH 能够将迁移态 Pb 转化为稳定态，并降低酸雨浸出率。根据之前的报道，Pb^{2+} 能够与—COOH、PO_4^{3-} 或—OH 通过共沉淀作用形成（—COO)$_2$Pb、$Pb_3(PO_4)_2$ 或—OPb—OH（Vithanage et al.，2017），并且具有较高芳香性的

PBC@LDH 表面相当于一个能够提供 π 电子的平台，π-π 电子供体-受体体系能够与缺失电子的重金属阳离子之间发生阳离子-π 反应（Salam et al.，2019），共沉淀与 π 电子配位反应构成伴生重金属 Pb^{2+} 的稳定机制。

　　众所周知，弱碱性（pH 7～7.5）环境对抑制土壤中重金属阳离子的迁移更有利（Salam et al.，2019）。10%剂量的 PBC@LDH 处理的土壤经过 40 天孵育期后，土壤的 pH 显著升高，达到约 7.5。这种碱性环境能够增加土壤表面的负电荷。因此，阴离子与 UO_2^{2+} 和 Pb^{2+} 之间的静电吸附在土壤稳定化中起到重要作用。基于以上结果，稳定机理如图 4.17 所示。综上所述，PBC@LDH 复合材料将 U 和伴生重金属 Pb 稳定在土壤中的常见机理包括通过还原、表面络合、离子交换、共沉淀及静电吸附。因此，PBC@LDH 复合材料可能是将 U 和 Pb 稳定在 UMT 土壤中的潜在材料。

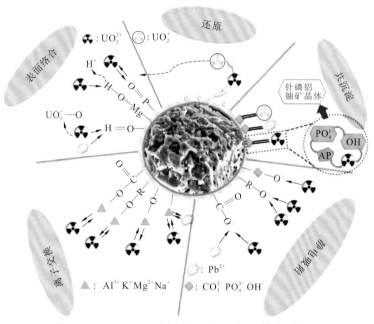

图 4.17　PBC@LDH 固定土壤中 U 和 Pb 的主要机理

4.3　PBC@LDH 稳定化修复铀污染土壤的持久性

　　固化/稳定化修复方案具有经济环保、可操作性强、修复效果显著的优点，但固定剂施入土壤后，在化学风化、雨水淋溶、微生物侵蚀的复杂环境下，以及在固定剂老化的条件下，土壤中固定剂的表面官能团与重金属离子的强键合力存在被弱化的风险，可能造成二次污染。鉴于此，对固定剂的稳定持久性进行合理评估显得尤为重要。稳定持久性的评估多利用柱浸实验方案，如 Aline 等（2016）对生物炭与矿山土壤的固定效果进行柱浸实验评估，结果发现甘蔗生物炭能有效降低酸性土壤淋滤液中 Cd 和 Pb 的含量，降低率分别达到 57%和 45%。高鹏（2018）对生物炭修复污染土壤后重金属的再迁移行为进行了评估，结果发现，土壤老化结束后，在酸雨淋溶的条件下，土壤淋滤液中 Pb

和 Cu 的浓度随着流速增加而增大，这归因于酸雨淋溶对阳离子-π 作用的弱化。因此，在固定剂孵育土壤结束后，有必要进行稳定持久性的评估。

PBC@LDH 能够作为潜在固定剂稳定 UMT 土壤中的 U 和 Pb，但长期稳定效果尚不可知。本节利用柱淋滤装置填充孵育后的土壤，经过模拟酸雨淋滤实验，在持续淋滤的条件下，计算土壤中 U 和 Pb 的溶出量、淋滤效率和累积淋失量，并在淋滤结束后评价土壤中 U 和 Pb 的形态变化。

4.3.1　不同处理方案的稳定持久性

基于 4.2 节的研究结果，选择 10%剂量的 BC、PBC 和 PBC@LDH 处理土壤，通过模拟酸雨进行柱浸试验。随着浸出时间的延长和浸出液体积的增加，浸出液的浸出浓度、淋滤效率和累积淋失量的变化如图 4.18 所示。由图 4.18（a）可知，CK、BC、PBC 和 PBC@LDH 处理的样品中的 U 浓度在 60 h 之前升高，随后降低。但是，在 100 h 之前的柱浸过程中，每种处理方案渗滤液的 U 浓度大小关系为 CK>BC>PBC>PBC@LDH。100~200 h 的排名为 BC>PBC>CK>PBC@LDH，此阶段 CK 组的 U 浸出浓度显著降低且小于 BC 和 PBC，这归因于原始土壤中 U 在淋滤初始阶段的急剧淋出，从而造成可淋出 U 在后期的减少。200 h 后，所有处理样品中 U 浓度趋于稳定。在整个浸出期间，CK 组和 BC、PBC、PBC@LDH 处理样品中 U 的浸出浓度峰值分别为 0.49 mg/L、0.36 mg/L、0.26 mg/L 和 0.13 mg/L。与 CK 组相比，PBC@LDH 使 U 的浸出浓度降低 73.50%。这表明与其他处理方案的土壤相比，PBC@LDH 复合材料孵育后的土壤中的铀更耐受酸雨淋滤。图 4.18（c）展示了 Pb 的淋滤情况变化，所有处理方案的 Pb 浸出浓度呈波动下降的趋势。这也许是因为 UMT 土壤中的 Pb 比较稳定，淋滤过程中，SO_4^{2-} 和 NO_3^- 与 Pb^{2+} 间歇反应并释放。此外，在 360 h 的淋滤过程中，各处理样品 Pb 浸出浓度的变化曲线几乎重合，Pb 淋滤效率的变化规律同样如此，表明 BC、PBC 和 PBC@LDH 对土壤中 Pb 的浸出几乎没有影响，这可能是 UMT 土壤本身 Pb 含量较低及固定剂选择性吸附所致。

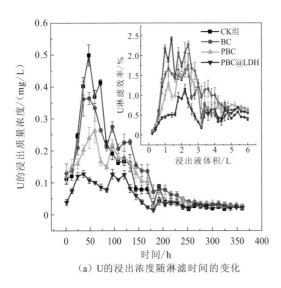

（a）U 的浸出浓度随淋滤时间的变化

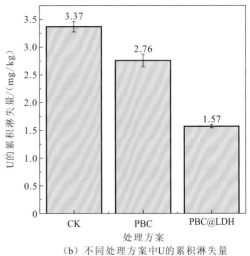

（b）不同处理方案中 U 的累积淋失量

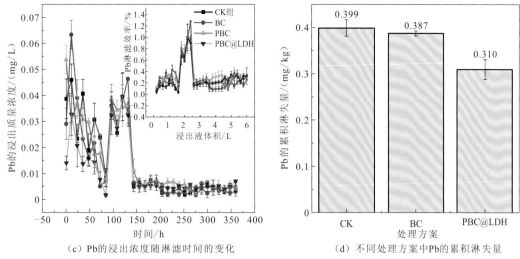

（c）Pb的浸出浓度随淋滤时间的变化　　　　　（d）不同处理方案中Pb的累积淋失量

图4.18　U和Pb的浓度随淋滤时间的变化及不同处理方案中U和Pb的累积淋失量

图4.18（a）的内插图显示了每种处理方案U的淋滤效率变化：①CK组在浸出液体积为1.4 L时出现峰值，淋滤效率为2.43%；②BC在2.4 L时出现峰值，淋滤效率为2.28%；③浸出液体积为2.2 L时，PBC出现峰值，淋滤效率为1.64%；④浸出液体积为2.2 L时，PBC@LDH出现峰值，淋滤效率为1.14%。显然，与CK组相比，固定剂处理后土壤的淋溶效率峰值降低并延迟。PBC@LDH处理方案的U淋滤效率比CK组降低53.09%，远大于BC和PBC的修复方案。这种现象表明，PBC@LDH可以有效抑制铀的浸出。图4.18（b）展示了U的累积淋失量，经过360 h的淋滤，PBC@LDH处理样品中U的累积淋失量为1.57 mg/kg，与CK组（3.37 mg/kg）相比显著降低，降低了53.41%。图4.18（d）展示了Pb的累积淋失量，同样地，PBC@LDH处理的样品出现最低值，为0.310 mg/kg，相比CK组降低了22.31%。以上结果表明，PBC@LDH复合材料对UMT土壤中的铀和铅具有更持久的固定作用。

4.3.2　土壤中铀和铅的形态变化

浸出结束后，土壤中U的形态发生了一些变化[图4.19（a）]。CK、BC、PBC和PBC@LDH处理的F1形态占比分别为0.85%、1.86%、3.33%和4.87%，与浸出前的形态占比CK（12.4%）＞BC（6.69%）＞PBC（4.15%）＞PBC@LDH（3.76%）相比完全相反。这是因为模拟酸雨将原始UMT土壤中可迁移的铀大量淋出，而经过固定剂处理过的土壤则相反。与浸出前样品的形态分布相比，PBC@LDH处理样品的F6形态占比增加了2.19%，这与BC和PBC处理样品相反，因为它们分别降低了6.31%和0.93%。这表明PBC@LDH复合材料在酸雨淋滤条件下仍可将可迁移铀转化为稳定形态。有趣的是，淋滤后所有土壤中的F2形态占比均增加，这表明浸出过程能够削弱铀离子与土壤胶体之间的附着力。然而，由于施用改性生物炭能够提高静电吸附效果（Mandal et al.，2020a），PBC（4.73%）和PBC@LDH（4.75%）处理中F2形态占比的增加明显低于CK组（15.9%）。

同时，浸出后，PBC@LDH 处理土壤中的 F3 形态占比降低了 2.39%，而其他方案中该值却增加。以上发现表明，PBC@LDH 可以有效降低铀在土壤中的溶解度并增强稳定作用。总体来说，以 10% 的剂量施用 PBC@LDH 复合材料对 UMT 土壤中的铀具有最佳的稳定持久性，从而有效地抑制了铀的浸出。

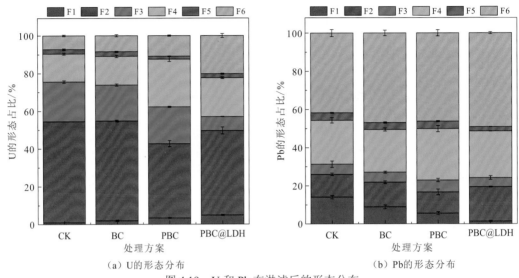

图 4.19　U 和 Pb 在淋滤后的形态分布

图 4.19（b）展示了淋滤结束后 Pb 的形态分布。与淋滤前相比，淋滤后 Pb 的 6 种形态在 UMT 土壤中的占比变化不大，这说明模拟酸雨淋滤对土壤中 Pb 的淋溶影响不大，反映出 UMT 土壤中伴生重金属 Pb 比较稳定、迁移性较小的特征。

4.4　PBC@LDH 修复铀污染土壤后植物富集性生态风险评价

生物可利用性评价是评估固化/稳定化技术修复土壤污染的另一种常用方案。生物可利用性评价的实验方案主要包括 CaCl₂/MgCl₂ 萃取法（Vithanage et al.，2017），EDPA/DTPA 萃取法（Zhang et al.，2020）和盆栽实验（Zheng et al.，2015）。其中，盆栽实验方案是最直观系统地评价生物可利用性的方法。盆栽实验主要利用植物中重金属在细胞水平富集性和迁移性的风险评估进行相关研究。对此，国内外已经进行了广泛报道。例如 Lei 等（2020）利用粉煤灰/生物炭的复合修复方法，评估在连续一年的种植条件下固定剂对水稻中 Cd^{2+} 的富集情况，结果发现受污染土壤在连续施加生物炭复合稳定剂之后，其 pH 由 4.11 升至 6，且水稻内各器官 Cd 的累积量明显下降。Kamran 等（2019）通过不同配比的生物炭与 Cd 污染土壤混合老化，之后种植小白菜并评价小白菜的毒性富集程度，结果发现在 20 mg/kg 的投加量下，小白菜中木酚过氧化氢酶、超氧化物歧化酶、抗坏血酸过氧化氢酶和谷胱甘肽的活性分别提高了 37.31%、66.35%、115.94% 和

59.96%，此外，小白菜地上部和地下部的 Cd 累积量分别下降了 42.49%和 29.23%。因此，固定剂的稳定化效果需要配合植物富集性生态风险评价进行相关研究。

为评估固定剂修复 UMT 土壤后，土壤中的 U 和伴生重金属在植物体内的富集和转移情况，本节采用室外盆栽实验进行评价。根据先前报道，印度芥菜作为一种对 U 具有较好累积效果的植物，近年来多应用于铀污染土壤的累积性评价（Qi et al.，2014）。因此，本节选用印度芥菜作为评价植物，经过 50 天的生长周期后，收集植物地上部、地下部及根系土壤，通过消解和有效态评价方法分析污染物在植物体内的迁移系数和富集系数，最后应用生物透射电镜的表征手段，对比不同处理方案的植物根部在细胞尺度的变化情况，并对 PBC@LDH 修复铀污染土壤后的植物富集性生态风险进行评价。

4.4.1　对印度芥菜生长情况和生物量的影响

不同处理下盆栽印度芥菜的生长情况见图 4.20。图 4.20（a）为第 25 天的生长情况，显而易见，CK 组的发芽率较低，目视正常发芽 4 株，PBC 处理组发芽 5 株，PBC@LDH 处理组发芽 10 株。这表明在高 U 含量的 UMT 土壤中，印度芥菜生长受毒性影响而发芽受限。在经过间苗后的第 50 天［图 4.20（b）］，CK 组印度芥菜长势萎靡，部分叶片发黄，呈中毒状；而 PBC 处理的印度芥菜长势较 CK 组良好，叶片面积和枝干数量明显增加；PBC@LDH 处理的印度芥菜则枝叶茂盛，无枝叶发黄现象。以上现象证明 PBC@LDH 固定土壤中的有毒重金属后，有利于缓解植物中毒，促进植物生长。这对应于 PBC@LDH 的投加能够提高土壤的 pH，为 U 和 Pb 的沉淀提供良好的环境，从而降低印度芥菜对 U 和 Pb 的吸收，降低植物中毒的可能性（Wang et al.，2020b）。

（a）生长期25天　　　　　　　　　　　　（b）生长期50天

图 4.20　不同处理盆栽印度芥菜的生长情况

不同处理方案对印度芥菜生物量的影响见图 4.21。由图可知，PBC@LDH 处理的印度芥菜的生物量较 CK 组和 PBC 处理明显增加，地上部生物量为 0.178 g，地下部生物量为 0.040 6 g，整株生物量为 0.210 2 g，整株生物量相比 CK 组提高了 111.5%，该结果与盆栽实验中印度芥菜的生长情况相对应，即 PBC@LDH 可以抑制植物根部对有毒重金属的吸收，促进植物生长。

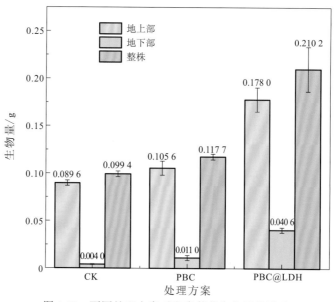

图 4.21　不同处理方案对印度芥菜生物量的影响

4.4.2　对铀、铅富集和转运的影响

富集系数（BF）和转运系数（TF）是评价植物提取土壤中重金属效率的重要指标。富集系数和转运系数见式（3.4）和式（3.5）。

印度芥菜不同部分 U 和 Pb 的含量见表 4.7。由表 4.7 可知，CK 组样品中印度芥菜整株 U 质量分数为 136.74 mg/kg。固定剂对土壤中 U 和 Pb 的富集系数与转运系数的影响见图 4.22。由图 4.22（a）可知，不加固定剂的 UMT 土壤（CK 组）U 的富集系数为 1.203 7，这与 Tang 等（2009）和贾文莆（2013）的研究结果相似，Pb 的富集系数为 0.808 9，低于郭艳杰（2008）的研究结果。印度芥菜对 U 的富集系数大于 1，表明原始 UMT 土壤中的 U 具有较高的迁移风险；Pb 的富集系数较低，对应 UMT 土壤中伴生重金属 Pb 含量和迁移性较小。经 PBC 和 PBC@LDH 固定后的土壤，U 的富集系数分别为 0.971 2 和 0.320 3，较 CK 组降低 19.3%和 73.4%；Pb 的富集系数分别为 0.673 5 和 0.531 6，较 CK 组降低 16.7%和 34.3%。以上结果表明 PBC@LDH 能够有效抑制 U 富集于印度芥菜中，但对 Pb 的抑制效果较小，这是 PBC@LDH 的选择性吸附固定的结果。

表 4.7　印度芥菜不同部分 U 和 Pb 的含量

处理方案	重金属	地上部质量分数/（mg/kg）	地下部质量分数/（mg/kg）	整株质量分数/（mg/kg）
CK	U	115.66±14.02	174.92±2.86	136.74±10.01
	Pb	22.77±1.38	39.60±6.93	28.76±3.33
PBC	U	88.34±6.88	150.17±2.86	110.33±5.38
	Pb	19.67±3.58	31.68±1.98	23.94±1.61
PBC@LDH	U	28.23±6.31	51.16±7.56	36.38±4.43
	Pb	14.75±1.45	26.40±5.08	18.90±2.47

注：表中的数据为平均值±标准误差（n=3）

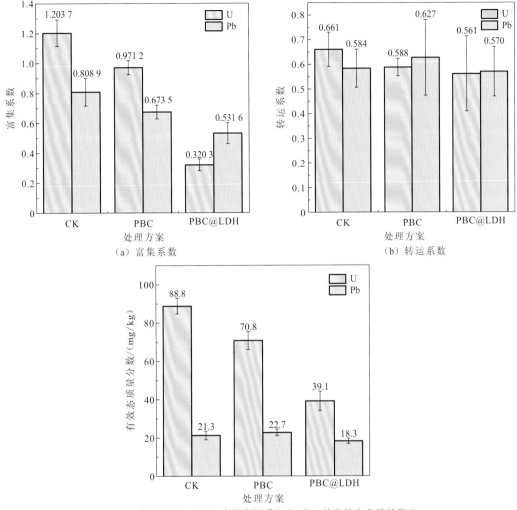

（a）富集系数　　　　　　　　　　（b）转运系数

（c）不同处理方案对印度芥菜根系土中U和Pb的有效态含量的影响

图4.22　固定剂对印度芥菜 U 和 Pb 的富集系数、转运系数和有效态含量的影响

U 和 Pb 的转运系数见图 4.22（b）。由图可知，CK 组土壤中印度芥菜 U 的转运系数为 0.661，小于 Chang 等（2005）的研究结果（1 左右）；Pb 的转运系数为 0.584，略高于 Wang 等（2015）的研究结果（0.34）。经 PBC 和 PBC@LDH 处理后，U 的转运系数分别为 0.588 和 0.561；Pb 的转运系数分别为 0.627 和 0.570。由此可知：与 CK 组相比，PBC 和 PBC@LDH 处理印度芥菜的 U 转运系数分别降低 11.0% 和 15.1%；与 CK 组相比，PBC@LDH 处理印度芥菜中 Pb 的转运系数降低 2.4%。以上结果表明，PBC@LDH 对限制印度芥菜中的铀由地下部向地上部传输具有有利影响，这可能是由于 PBC@LDH 溶解于土壤溶液中的活性物质提高了土壤中脲酶、碱性磷酸酶和转化酶的活性（Wang et al.，2020b）。已知被土壤酶活化后的氮磷钾被植物吸收后对植物根部细胞组织液中的化学环境起重要作用（Madhaiyan et al.，2009），相当部分的 NH_3 和 P 能够在植物组织液中与游离的铀酰离子结合沉淀，从而限制 U 向茎转移（Duquène et al.，2009）。

不同处理对印度芥菜根系土中 U 和 Pb 的有效态含量的影响见图 4.22（c）。CK 组中 U 和 Pb 的有效态质量分数分别为 88.8 mg/kg 和 21.3 mg/kg；经 PBC 修复后，U 和 Pb 的有效态质量分数分别为 70.8 mg/kg 和 22.7 mg/kg；PBC@LDH 修复后，U 和 Pb 的有效态质量分数分别为 39.1 mg/kg 和 18.3 mg/kg。由此可知，与 CK 组相比，经 PBC@LDH 修复后，印度芥菜根系土中 U 和 Pb 的有效态质量分数分别下降 55.97% 和 14.08%，这表明 PBC@LDH 能够降低 UMT 土壤中可迁移性 U 和伴生重金属 Pb，有利于防止 U 和 Pb 被植物吸收利用而造成的生态风险。

4.4.3 生物电镜–能谱分析

CK 组和 PBC@LDH 修复后的印度芥菜生物透射电镜图和 EDS 能谱图见图 4.23。由图 4.23（a）可知，CK 组印度芥菜根部的细胞壁、细胞膜、薄壁组织和维管束周围沉淀有致密的絮状簇结构。通过对絮状簇进行 EDS 能谱分析[图 4.23（e）]，能谱图中出现明显的 U 峰，质量占比达 16.33%（表 4.8）。Laurette 等（2012a）通过质子激发 X 射线发射光谱和生物透射电镜表征手段，对向日葵和印度芥菜等植物暴露在高 U 环境下生长后的细胞结构特征进行了分析，发现印度芥菜根部细胞壁周围的簇状物质对应于含铀化合物的沉淀。由此可知，印度芥菜在生长过程中，U 可通过胞吞作用进入细胞组织中，

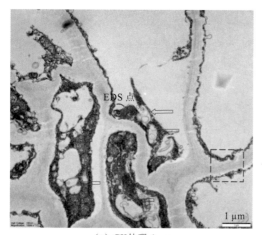

（a）CK 处理-1 μm

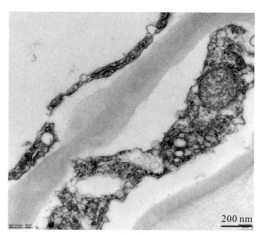

（b）CK 处理-200 nm

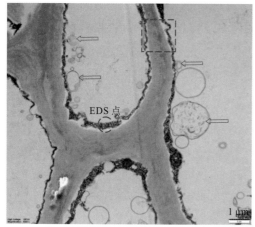

（c）PBC@LDH 处理-1 μm

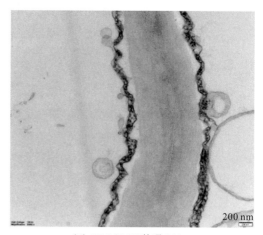

（d）PBC@LDH 处理-200 nm

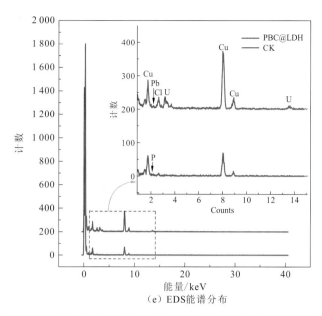

图 4.23　不同处理印度芥菜的根部生物透射电镜图片和 EDS 能谱

并通过胞间连丝和传代细胞移动至维管束结构中（Laurette et al.，2012b）。图 4.23（a）所示为维管束结构周围致密的含 U 沉积物，由此可推测，U 在细胞层间位移的过程中会逐渐沉淀，该过程可能受磷酸盐、纤维素、果胶和糖蛋白等可溶性有机/无机物的复杂影响（Lauria et al.，2009）。

表 4.8　CK 和 PBC@LDH 处理的关键元素占比

元素	质量分数/%		原子百分数/%	
	CK	PBC@LDH	CK	PBC@LDH
P	0.2	1.33	0.47	2.87
Pb	3.42	2.03	1.22	0.66
U	16.33	7.2	5.07	2.02

　　由图 4.23（a）观察到细胞群深陷于含 U 沉积物中（红色箭头标注位置），在细胞内部这些沉积物在液泡或者囊泡中均被观察到，呈游离的针状或絮状结构，这表明 U 可能以自由离子的形式进入细胞并在细胞内与磷酸基团结合沉淀，从而形成针状或絮状结构，该发现与 Straczek 等（2010）的研究结果相同。为进一步观察含 U 沉积物的形貌，对图 4.23（a）红色虚框部分进行 200 nm 分辨率的观察，由图 4.23（b）可知，含 U 沉积物呈气泡状分布在维管束的两边，这可能是由于 U 通过沉淀作用形成含 U 磷酸盐或碳酸盐复合物，该复合物被微型细胞以内吞作用而内在化，从而形成富含 U 的球形囊泡（Laurette et al.，2012b）。该球形囊泡可随植物的组织液在木质部的导管中向地上部转移，从而使 U 的迁移系数升高。

　　PBC@LDH 处理的印度芥菜的 1 μm 分辨率电镜照片见图 4.23（c）。显而易见，维管束结构周围的含 U 沉淀物质明显减少。另外，组织细胞周围的沉淀物质消失（箭头标

注），这表明含 U 沉淀物对印度芥菜的细胞胁迫降低。由 EDS 能谱分析可知，经 PBC@LDH 修复后 U 的能谱峰强度明显降低，U 的质量占比降至 7.20%，相比 CK 组降低率为 55.9%。除此之外，PBC@LDH 处理后，Pb 的质量占比为 2.03%，相比 CK 组降低率为 40.6%（表 4.8）。以上结果表明，PBC@LDH 修复 UMT 土壤后，能够大大降低印度芥菜富集 U 和 Pb 的能力，降低 U 和 Pb 向生态系统中转移的风险。图 4.23（d）所示为 200 nm 分辨率的 PBC@LDH 处理样品[放大的图 4.23（c）红框部分]，可知含 U 的囊泡结构明显减少，有利于降低含 U 沉积物向地上部迁移的风险，这可能是由于 PBC@LDH 释放的部分官能团（如—OH）被植物吸收后与铀离子配位形成 UO$_2$(OH)$_2$。此外，PBC@LDH 修复土壤后，印度芥菜中 P 元素质量占比（1.33%）相比 CK 组（0.2%）提高，这是由于 PBC@LDH 中释放的含磷官能团被印度芥菜吸收。已知 P 是植物所必备的生长营养元素（Jagetiya et al.，2013），含 P 物质的增加将有助于印度芥菜的生长，这也印证了印度芥菜长势的不同。

综上所述，PBC@LDH 固定剂抑制 UMT 土壤中印度芥菜富集 U 和伴生重金属 Pb 可能通过以下机理发生：①PBC@LDH 表面官能团与 U 和 Pb 离子发生固定、还原和共沉淀，降低了 U 和 Pb 的活性，从而减少印度芥菜对 U 和 Pb 的吸收；②—OH 基团促进了植物根细胞组织液和维管束中含 U 和 Pb 化合物的沉淀，从而阻止富含 U 的球形囊泡的形成，最终降低有毒重金属向地上部迁移的风险。PBC@LDH 抑制印度芥菜吸收、转运 U 和 Pb 的机制见图 4.24。因此，PBC@LDH 固定剂可能是铀污染土壤中固定 U 和 Pb 的一种潜在材料。

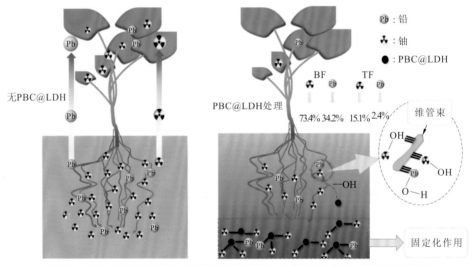

图 4.24　PBC@LDH 固定剂抑制印度芥菜摄取和转运 U 和 Pb 的机制示意图

参 考 文 献

董志询, 陈素华, 李中泫, 2019. 江西某废弃钨冶炼厂场地土壤重金属污染特征与风险评价. 南昌航空大学学报(自然科学版), 33(3): 105-110.

高鹏, 2018. 生物炭修复后土壤重金属再迁移行为及驱动机制研究. 苏州: 苏州科技大学.

郭艳杰, 2008. 印度芥菜富集 Cd、Pb 的特性研究. 保定: 河北农业大学.

贾文莆, 2013. 铀及伴生重金属富集植物特性分析与评价. 绵阳: 西南科技大学.

ALAGHA O, MANZAR M S, ZUBAIR M, et al., 2020. Magnetic Mg-Fe/LDH intercalated activated carbon composites for nitrate and phosphate removal from wastewater: Insight into behavior and mechanisms. Nanomaterials, 10(7): 1361.

ALAM M S, GORMAN-LEWIS D, CHEN N, et al., 2018. Mechanisms of the removal of U(VI) from aqueous solution using biochar: A combined spectroscopic and modeling approach. Environmental Science & Technology, 52(22): 13057-13067.

ALINE P P, LEONIDAS C A M, CLEIDE A D A, et al., 2016. Leaching and fractionation of heavy metals in mining soils amended with biochar. Soil and Tillage Research, 164: 25-33.

ARP P A, AKERLEY C, MELLEROWICZ K, 1989. Distribution of aluminum in black spruce saplings growing on two New Brunswick forest soils with contrasting acid sulfate sorption. Water, Air, & Soil Pollution, 48: 277-297.

BAKER M R, COUTELOT F M, SEAMAN J C, 2019. Phosphate amendments for chemical immobilization of uranium in contaminated soil. Environment International, 129: 565-572.

CHANG P, KIM K W, YOSHIDA S, et al., 2005. Uranium accumulation of crop plants enhanced by citric acid. Environmental Geochemistry and Health, 27(5-6): 529-538.

CHENG C, ZHANG J, MU Y, et al., 2014. Preparation and evaluation of activated carbon with different polycondensed phosphorus oxyacids(H_3PO_4, $H_4P_2O_7$, $H_6P_4O_{13}$ and $C_6H_{18}O_{24}P_6$) activation employing mushroom roots as precursor. Journal of Analytical and Applied Pyrolysis, 108: 41-46.

CHOUDHARY S, SAR P, 2011. Uranium biomineralization by a metal resistant *Pseudomonas aeruginosa* strain isolated from contaminated mine waste. Journal of Hazardous Materials, 186: 336-343.

CLAOSTON N, SAMSURI A W, AHMAD HUSNI M H, et al., 2014. Effects of pyrolysis temperature on the physicochemical properties of empty fruit bunch and rice husk biochars. Waste Management & Research, 32(4): 331-339.

CUONG D V, WU P C, CHEN L I, et al., 2021. Active MnO_2/biochar composite for efficient As(III) removal: Insight into the mechanisms of redox transformation and adsorption. Water Research, 188: 116495.

DAS S K, GHOSH G K, AVASTHE R K, et al., 2021. Compositional heterogeneity of different biochar: Effect of pyrolysis temperature and feedstocks. Journal of Environment Management, 278: 111501.

DING L, TAN W F, XIE S B, et al., 2018. Uranium adsorption and subsequent re-oxidation under aerobic conditions by *Leifsonia* sp.: Coated biochar as green trapping agent. Environmental Pollution, 242: 778-787.

DUQUÈNE L, VANDENHOVE H, TACK F, et al., 2009. Enhanced phytoextraction of uranium and selected heavy metals by Indian mustard and ryegrass using biodegradable soil amendments. Science of the Total Environment, 407(5): 1496-1505.

FAN J, CAI C, CHI H, et al., 2020. Remediation of cadmium and lead polluted soil using thiol-modified biochar. Journal of Hazardous Materials, 388: 122037.

FOSTER R I, KIM K W, LEE K, 2020. Uranyl phosphate(MUO_2PO_4, $M = Na^+$, K^+, NH_4^+) precipitation for uranium sequestering: Formation and physicochemical characterisation. Journal of Radioanalytical and

Nuclear Chemistry, 324 (3): 1265-1273.

GAO X, PENG Y, GUO L, et al., 2020. Arsenic adsorption on layered double hydroxides biochars and their amended red and calcareous soils. Journal of Environment Management, 271: 111045.

GONZAGA M I S, MAITIAS M I D A S, ANDRADE K R, et al., 2020. Aged biochar changed copper availability and distribution among soil fractions and influenced corn seed germination in a copper-contaminated soil. Chemosphere, 240: 124828.

GUILLEN J, MUNOZ-SERRANO A, BAEZA A S, et al., 2018. Speciation of naturally occurring radionuclides in Mediterranean soils: Bioavailability assessment. Environmental Science Pollution Research, 25(7): 6772-6782.

GUILHEN S N, MASEK O, ORTIZ N, et al., 2019a. Pyrolytic temperature evaluation of macauba biochar for uranium adsorption from aqueous solutions. Biomass and Bioenergy, 122: 381-390.

GUILHEN S N, ROVANI S, FILHO L P, et al., 2019b. Kinetic study of uranium removal from aqueous solutions by macaúba biochar. Chemical Engineering Communications, 206(11): 1365-1377.

GUO Y, GONG Z, LI C, et al., 2020. Efficient removal of uranium(VI) by 3D hierarchical Mg/Fe-LDH supported nanoscale hydroxyapatite: A synthetic experimental and mechanism studies. Chemical Engineering Journal, 392: 123682.

HAN X, LI Y, WANG H, et al., 2020. Controlled preparation of β-Bi_2O_3/Mg-Al mixed metal oxides composites with enhanced visible light photocatalytic performance. Research on Chemical Intermediates, 46: 5009-5021.

HU R, XIAO J, WANG T, et al., 2020. Engineering of phosphate-functionalized biochars with highly developed surface area and porosity for efficient and selective extraction of uranium. Chemical Engineering Journal, 379: 122388.

HUSNAIN S M, KIM H J, UM W, et al., 2017. Superparamagnetic adsorbent based on phosphonate grafted mesoporous carbon for uranium removal. Industrial & Engineering Chemistry Research, 56(35): 9821-9830.

JAGETIYA B, SHARMA A, 2013. Optimization of chelators to enhance uranium uptake from tailings for phytoremediation. Chemosphere, 91(5): 692-696.

JIANG L, LIU X, YIN H, et al., 2020. The utilization of biomineralization technique based on microbial induced phosphate precipitation in remediation of potentially toxic ions contaminated soil: A mini review. Ecotoxicology and Environmental Safety, 191: 110009.

JING C, LI Y L, LANDSBERGER S, 2016. Review of soluble uranium removal by nanoscale zero valent iron. Journal of Environmental Radioactivity, 164: 65-72.

JUNG K W, JEONG T U, HWANG M J, et al., 2015. Phosphate adsorption ability of biochar/Mg-Al assembled nanocomposites prepared by aluminum-electrode based electro-assisted modification method with $MgCl_2$ as electrolyte. Bioresource Technology, 198: 603-610.

KAMRAN M, MALIK Z, PARVEEN A, et al., 2019. Biochar alleviates Cd phytotoxicity by minimizing bioavailability and oxidative stress in pakchoi (*Brassica chinensis* L.) cultivated in Cd-polluted soil. Journal of Environment Management, 250: 109500.

KEILUWEIT M, NICO P S, JOHNSON M G, et al., 2010. Dynamic molecular structure of plant biomass-derived black carbon (biochar). Environmental Science & Technology, 44: 1247-1253.

KONG L, RUAN Y, ZHENG Q, et al., 2020. Uranium extraction using hydroxyapatite recovered from phosphorus containing wastewater. Journal of Hazardous Materials, 382: 10287.

LAURETTE J, LARUE C, MARIET C, et al., 2012a. Influence of uranium speciation on its accumulation and translocation in three plant species: Oilseed rape, sunflower and wheat. Environmental and Experimental Botany, 77: 96-107.

LAURETTE J, LARUE C, LLORENS I, et al., 2012b. Speciation of uranium in plants upon root accumulation and root-to-shoot translocation: A XAS and TEM study. Environmental and Experimental Botany, 77: 87-95.

LAURIA D C, RIBEIRO F C, CONTI C C, et al., 2009. Radium and uranium levels in vegetables grown using different farming management systems. Journal of Environmental Radioactivity, 100(2): 176-183.

LEI S, SHI Y, XUE C, et al., 2020. Hybrid ash/biochar biocomposites as soil amendments for the alleviation of cadmium accumulation by *Oryza sativa* L. in a contaminated paddy field. Chemosphere, 239: 124805.

LI F, GUI X, JI W, et al., 2020. Effect of calcium dihydrogen phosphate addition on carbon retention and stability of biochars derived from cellulose, hemicellulose, and lignin. Chemosphere, 251: 126335.

LI J, ZHANG Y, 2012. Remediation technology for the uranium contaminated environment: A review. Procedia Environmental Sciences, 13: 1609-1615.

LI M, LIU H, CHEN T, et al., 2019a. Synthesis of magnetic biochar composites for enhanced uranium(VI) adsorption. Science of the Total Environment, 651: 1020-1028.

LI N, YIN M, TSANG D C W, et al., 2019b. Mechanisms of U(VI) removal by biochar derived from *Ficus microcarpa* aerial root: A comparison between raw and modified biochar. Science of the Total Environment, 697: 134115.

LI R, DONG F, YANG G, et al., 2019c. Characterization of arsenic and uranium pollution surrounding a uranium mine in southwestern china and phytoremediation potential. Polish Journal of Environmental Studies, 29: 173-185.

LI X, PAN H, YU M, et al., 2018. Macroscopic and molecular investigations of immobilization mechanism of uranium on biochar: EXAFS spectroscopy and static batch. Journal of Molecular Liquids, 269: 64-71.

LIAO T, LI T, SU X, et al., 2018. La(OH)$_3$-modified magnetic pineapple biochar as novel adsorbents for efficient phosphate removal. Bioresource Technology, 263: 207-213.

LIU L, CONCEPCION P, CORMA A, 2016. Non-noble metal catalysts for hydrogenation: A facile method for preparing Co nanoparticles covered with thin layered carbon. Journal of Catalysis, 340: 1-9.

LIU P, WEI C, ZHANG S, et al., 2014. Contamination assessment of radioactive element uranium in paddy soil of one uranium deposit area, east of China. Chinese Journal of Soil Science, 45(6): 1517-1521.

LYU P, WANG G, WANG B, et al., 2020. Effect of pyrolysis temperature and biomass type on adsorption of U(VI) by biochar. Biomass Chemical Engineering, 54(5): 15-24.

MADHAIYAN M, POONGUZHAI S, KANG B G, et al., 2009. Effect of co-inoculation of methylotrophic *Methylobacterium oryzae* with *Azospirillum brasilense* and *Burkholderia pyrrocinia* on the growth and nutrient uptake of tomato, red pepper and rice. Plant and Soil, 328(1-2): 71-82.

MANDAL S, PU S, HE L, et al., 2020a. Biochar induced modification of graphene oxide & nZVI and its impact on immobilization of toxic copper in soil. Environmental Pollution, 259: 113851.

MANDAL S, PU S, SHANGGUAN L, et al., 2020b. Synergistic construction of green tea biochar supported nZVI for immobilization of lead in soil: A mechanistic investigation. Environment International, 135: 105374.

MARTOS S, MATTANA S, RIBAS A, et al., 2019. Biochar application as a win-win strategy to mitigate soil nitrate pollution without compromising crop yields: A case study in a Mediterranean calcareous soil. Journal of Soils and Sediments, 20: 220-233.

MEILI L, LINS P V, ZANTA C L P S, et al., 2019. MgAl-LDH/biochar composites for methylene blue removal by adsorption. Applied Clay Science, 168: 11-20.

MENG Z, HUANG S, XU T, et al., 2020. Transport and transformation of Cd between biochar and soil under combined dry-wet and freeze-thaw aging. Environmental Pollution, 263: 114449.

MEYBECK M, LESTEL L, BONTE P, et al., 2007. Historical perspective of heavy metals contamination (Cd, Cr, Cu, Hg, Pb, Zn) in the Seine River basin (France) following a DPSIR approach (1950-2005). Science of the Total Environment, 375(1-3): 204-231.

MISHRA V, SURESHKUMAR M K, GUPTA N, et al., 2017. Study on sorption characteristics of uranium onto biochar derived from eucalyptus wood. Water, Air, & Soil Pollution, 228(8): 2-14.

NELISSEN V, SAHA B K, RUYSSCHAERT G, et al., 2014. Effect of different biochar and fertilizer types on N_2O and NO emissions. Soil Biology and Biochemistry, 70: 244-255.

NOEL V, BOYE K, KUKKADAPU R K, et al., 2019. Uranium storage mechanisms in wet-dry redox cycled sediments. Water Research, 152: 251-263.

OLIVEIRA F R, PATEL A K, JAISI D P, et al., 2017. Environmental application of biochar: Current status and perspectives. Bioresource Technology, 246: 110-122.

PANG H, DIAO Z, WANG X, et al., 2019. Adsorptive and reductive removal of U(VI) by *Dictyophora indusiata*-derived biochar supported sulfide NZVI from wastewater. Chemical Engineering Journal, 366: 368-377.

PUZIY A M, PODDUBNAYA O I, MARTMEZ-ALONSO A, et al., 2002. Synthetic carbons activated with phosphoric acid: I. Surface chemistry and ion binding properties. Carbon, 40(9): 1493-1505.

QI F, ZHA Z, DU L, et al., 2014. Impact of mixed low-molecular-weight organic acids on uranium accumulation and distribution in a variant of mustard (*Brassica juncea* var. *tumida*). Journal of Radioanalytical and Nuclear Chemistry, 302: 149-159.

REN C, GUO D, LIU X, et al., 2020. Performance of the emerging biochar on the stabilization of potentially toxic metals in smelter- and mining-contaminated soils. Environmental Science and Pollution Research, 27: 43428-43438.

RINKLEBE J, SHAHEEN S M, El-NAGGAR A, et al., 2020. Redox-induced mobilization of Ag, Sb, Sn, and Tl in the dissolved, colloidal and solid phase of a biochar-treated and un-treated mining soil. Environment International, 140: 105754.

SAHIN O, TASKIM M B, KAYA E C, et al., 2017. Effect of acid modification of biochar on nutrient availability and maize growth in a calcareous soil. Soil Use and Management, 33(3): 447-456.

SALAM A, SHAHEEN S M, BASHIR S, et al., 2019. Rice straw- and rapeseed residue-derived biochars affect the geochemical fractions and phytoavailability of Cu and Pb to maize in a contaminated soil under different moisture content. Journal of Environmental Management, 237: 5-14.

SHTANGEEVA I, 2021. About plant species potentially promising for phytoextraction of large amounts of toxic trace elements. Environmental Geochemistry and Health, 43(4): 1689-1701.

STRACZEK A, DUQUÈNE L, WEGRZYNEK D, et al., 2010. Differences in U root-to-shoot translocation between plant species explained by U distribution in roots. Journal of Environmental Radioactivity, 101(3): 258-266.

TAN W, WANG Y, DING L, et al., 2019. Effects of phosphorus modified Bio-char on metals in uranium-containing soil. Water, Air, & Soil Pollution, 230(35): 2-10.

TAN X, LIU Y, GU Y, et al., 2016. Biochar pyrolyzed from MgAl-layered double hydroxides pre-coated ramie biomass (*Boehmeria nivea*(L.) Gaud.): Characterization and application for crystal violet removal. Journal of Environmental Management, 184(1): 85-93.

TANG L, BAI Y, DENG D, et al., 2009. Screening and accumulation characteristics of super accumulative plants in remediation of Uranium contaminated soil. Nuclear Techniques, 32(2): 136-141.

TENG Z, SHAO W, ZHANG K, et al., 2020a. Enhanced passivation of lead with immobilized phosphate solubilizing bacteria beads loaded with biochar/nanoscale zero valent iron composite. Journal of Hazardous Materials, 384: 121505.

TENG F, ZHANG Y, WANG D, et al., 2020b. Iron-modified rice husk hydrochar and its immobilization effect for Pb and Sb in contaminated soil. Journal of Hazardous Materials, 398: 122977.

VITHANAGE M, HERATH I, ALMAROAI Y A, et al., 2017. Effects of carbon nanotube and biochar on bioavailability of Pb, Cu and Sb in multi-metal contaminated soil. Environmental Geochemistry and Health, 39(6): 1409-1420.

WANG B, LI Y, ZHENG J, et al., 2020a. Efficient removal of U(VI) from aqueous solutions using the magnetic biochar derived from the biomass of a bloom-forming cyanobacterium(*Microcystis aeruginosa*). Chemosphere, 254: 126898.

WANG X, CHEN L, WANG L, et al., 2019. Synthesis of novel nanomaterials and their application in efficient removal of radionuclides. Science China Chemistry, 62(8): 933-967.

WANG X, DONG G, LIU X, et al., 2020b. Poly-γ-glutamic acid-producing bacteria reduced Cd uptake and effected the rhizosphere microbial communities of lettuce. Journal of Hazardous Materials, 398: 123146.

WANG G, WANG Y, HU S, et al., 2015. Cysteine-beta-cyclodextrin enhanced phytoremediation of soil co-contaminated with phenanthrene and lead. Environmental Science and Pollution Research, 22: 10107-10115.

WEI Y, JIN Z, ZHANG M, et al., 2020. Impact of spent mushroom substrate on Cd immobilization and soil property. Environmental Science and Pollution Research, 27: 3007-3022.

WETLE R, BENSKO-TARSITANO B, JOHNSON K, et al., 2020. Uptake of uranium into desert plants in an abandoned uranium mine and its implications for phytostabilization strategies. Journal of Environmental Radioactivity, 220-221: 106293.

XIE L, ZHONG Y, XIANG R, et al., 2017. Sono-assisted preparation of Fe(II)-Al(III) layered double hydroxides and their application for removing uranium(VI). Chemical Engineering Journal, 328: 574-584.

XIE Y, CHEN C, REN X, et al., 2019. Emerging natural and tailored materials for uranium-contaminated water treatment and environmental remediation. Progress in Materials Science, 103: 180-234.

XIONG Z, HE F, ZHAO D, et al., 2009. Immobilization of mercury in sediment using stabilized iron sulfide nanoparticles. Water Research, 43(20): 5171-5191.

YANG F, ZHANG S, LI H, et al., 2018. Corn straw-derived biochar impregnated with α-FeOOH nanorods for highly effective copper removal. Chemical Engineering Journal, 348(15): 191-201.

YI Z J, YAO J, ZHU M J, et al., 2016. Batch study of uranium biosorption by *Elodea canadensis* biomass. Journal of Radioanalytical and Nuclear Chemistry, 310(2): 505-513.

YIN L, HU Y, MA R, et al., 2019. Smart construction of mesoporous carbon templated hierarchical Mg-Al and Ni-Al layered double hydroxides for remarkably enhanced U(VI) management. Chemical Engineering Journal, 359: 1550-1562.

ZHANG H, SHAO J, ZHANG S, et al., 2019. Effect of phosphorus-modified biochars on immobilization of Cu(II), Cd(II), and As(V) in paddy soil. Journal of Hazardous Materials, 390: 121349.

ZHANG S, ZHANG H, CAI J, et al., 2017. Evaluation and prediction of cadmium removal from aqueous solution by phosphate-modified activated bamboo biochar. Energy & Fuels, 32(4): 4469-4477.

ZHANG X, JI L, WANG J, et al., 2012. Removal of uranium(VI) from aqueous solutions by magnetic Mg-Al layered double hydroxide intercalated with citrate: Kinetic and thermodynamic investigation. Colloids and Surfaces A: Physicochemical and Engineering Aspects, 414: 220-227.

ZHANG Y, WANG X, JI H, 2020. Stabilization process and potential of agro-industrial waste on Pb-contaminated soil around Pb-Zn mining. Environmental Pollution, 260: 114069.

ZHENG Q, YANG L, SONG D, et al., 2020. High adsorption capacity of Mg-Al-modified biochar for phosphate and its potential for phosphate interception in soil. Chemosphere, 259: 127469.

ZHENG R, CHEN Z, CAI C R, et al., 2015. Mitigating heavy metal accumulation into rice(*Oryza sativa* L.) using biochar amendment-a field experiment in Hunan, China. Environmental Science and Pollution Research, 22: 11097-11108.

ZHOU N, CHEN H, FENG Q, et al., 2017. Effect of phosphoric acid on the surface properties and Pb(II) adsorption mechanisms of hydrochars prepared from fresh banana peels. Journal of Cleaner Production, 165: 221-230.

ZOU Y, WANG X, WU F, et al., 2016. Controllable synthesis of Ca-Mg-Al layered double hydroxides and calcined layered double oxides for the efficient removal of U(VI) from wastewater solutions. ACS Sustainable Chemistry & Engineering, 5: 1173-1185.